패션상품의 관계마케팅

패션상품의 관계마케팅

김 지 연 著

한국학술정보㈜

책머리에

21C 소비자들은 저마다 다른 수준의 가치와 서로 다른 욕구를 가지고 있으며 빠른 사회변화 속에서 특히 상품과 서비스에 대한 기대가 나날이 높아지고 있는 듯 합니다. 이렇게 고객욕구와 기호의 변화가 빨라지고, 개별화, 다양화가 심화되는 환경에서 기업이 성공하기 위해서는 단순한 시장변화의 예측수준을 넘어선 고객정보의 관리와 고객관계의 유지가 보다 중요하게 되었습니다.

기업의 입장에서 보면 기업에 수익을 가져다주는 소비자와 그렇지 않은 소비자가 있을 수 있습니다. 단순히 그때그때의 상황에 따라 1회적인 거래에 머무는 소비자가 있을 수 있고, 상당기간동안 기업의 요구와 변화에 부응하면서 꾸준히 구매하는 소비자가 있을 수 있습니다. 따라서 기업이 한정된 자원을 가장 효율적으로 사용하기 위해서는 소비자를 차별화할 필요가 있고, 가장 가치 있는 소비자로브터 가장 많은 이익을 내기 위해서 여러 가지 전략을 수립해야 합니다.

과거 고성장시대의 생산자 중심의 시장에서는 소비자의 욕구에 정확하게 부합되지 않아도 새로운 제품이나 마케팅 수단을 통해 새로운 고객을 창출하는 것이 가능했으나, 저성장시대의 구매자 중심(Buyer's market) 시장구조로 변함에 따라 소비자는 제품의 품질은 물론이거니와 구매에 따른 여러 가지 다양한 서비스에 대한 기대를 하게 되었습니다. 기업은 이러한 시장 상황을 고려하여 고객만족을 통해 새로운 고객을 많이 유치하고 기존 고객이 감소하는 것을 방지하기 위해 끊임없이 노력해야 할 것입니다.

　이렇게 기업간 경쟁이 심화되고 고객의 욕구는 다양해진 최근의 마케팅 상황에서 관계마케팅은 기업이 경쟁에서 이길 수 있는 효율적인 방법이 아닌가 생각됩니다. 고객에 대한 관계마케팅을 통해 기업이 수익을 얻기 위해서는 관계마케팅의 실행에 따른 소비자의 관계혜택 지각이나 장기적 관계지향성과의 연관성에 대한 연구가 필요합니다.

　따라서 본 연구의 목적은 패션상품 소비자들이 과연 기업에서 실행하고 있는 관계마케팅에 대해서 어떠한 혜택을 지각하고 있는 지, 그리고 그러한 관계혜택지각이 과연 장기적 관계의도에 긍정적인 영향을 미칠 수 있는 지 밝혀내고자 하는 것입니다. 이러한 연구를 통해서 패션 상품 소비자에 대한 관계마케팅이 과연 효율적일 수 있는지, 그리고 특히 어떤 혜택들이 소비자들에게 지각되는지, 나아가서는 관계혜택의 지각이 어떠한 과정을 통해서 장기적 관계지향성을 형성하는지에 대한 구조적인 시각을 얻을 수 있을 것입니다.

　또한 마케터들이 관계마케팅 전략을 세울 때 보다 체계적이고 세분화된 관계마케팅 전략을 세울 수 있도록 해주는 실질적인 정보가 되길 바라며, 그러한 결과로서 소비자는 더욱 더 만족스러운 수준의 관계혜택을 얻게 되길 바랍니다.

　끝으로 본 연구자가 학업을 시작하면서부터 현재까지 많은 도움과 격려를 아끼지 않으셨던 존경하는 이 은영 교수님께 감사를 표합니다.

2005년 여름이 끝날 무렵
연구실에서　김 지연

목 차

그림 목차

제1장 서 론

제1절 연구의 필요성

21세기 들어서 WTO[1]체제의 전 세계적 확산, 내수경기 침체의 심화, 청년실업과 소비자의 구매의욕 상실 등 전반적으로 경제침체 상황이 지속되고 있다. 계속되는 경제 불황으로 인해 소비자들의 구매심리 위축현상이 전체 패션의식에도 반영되고 있다. 패션산업의 경우에도 여러 부분에서 매출의 역신장이 계속되고 도산하는 기업이 늘어나는 등 과거 IMF체제의 경제상황과도 비견될 만큼 어려운 현실이 앞으로도 수년간 지속될 것으로 전망되고 있다.

또한, 우리나라의 패션시장은 이미 성숙기에 접어들어서 시장의 수요가 별로 늘어날 여지가 없는 상황인데 인터넷 쇼핑몰이나 홈쇼핑 등 새로운 업태의 등장으로 다양한 공급자들은 늘어나면서 시장은 이제 과거와는 반대로 실제 수요자가 중심이 되는 구매자 시장(buyer's market)으로 변화하였다. 이러한 상황에서 패션기업은 적자폭을 최소한으로 줄이고 흑자로 돌아서기 위해 안간힘을 쓰고 있으며, 막대한 투자비용을 부담하면서 불

---

[1] WTO(World Trade Organization):1995년 1월 1일 설립된 세계무역기구, 국가간 경제 분쟁에 대한 판결 권과 그 판결의 강제집행권 이용, 규범에 따라 국가간 분쟁이나 마찰 조정하는 역할을 한다. 148개국(2004년 현재)이 가입되어 있으며 본부는 스위스 제네바에 두고 있다.

특정다수를 목표로 한 매스마케팅(mass marketing) 전략보다는 현재의 고객이 이탈하지 않도록 하고, 단골 고객의 교차판매나 반복 구매의 증가를 가져올 수 있는 새로운 마케팅의 전략과 시도가 필요하게 되었다.

이미 고도의 산업 성장이 이루어진 현 상황에서는 어느 시장을 막론하고 고객들은 다양한 기대와 욕구들을 가진다. 고객의 필요와 욕구는 고객조차 모를 정도로 끊임없이 변화하여 기업이 고객만족을 위해 시도해야 할 방법은 더욱더 복잡해져 가고 있는 실정이다. 고객은 비록 상품 자체에 대해 만족을 하더라도 끊임없이 더 나은 서비스나 차별화된 대우를 기대하고 요구하며, 그것이 만족되어야 보다 실질적인 구매로 연결되는데, 여기에 바로 기업과 고객과의 관계에 대한 가치가 있는 것이다.

기업은 고객과의 관계를 통해 보다 구체적으로 고객의 필요와 욕구에 접근할 수 있다. 기업이 이러한 고객과의 관계 가치에 부응하지 못하면 고객은 다른 기업으로 쉽게 옮겨가고, 기업의 수익률은 바로 하락하게 된다. 그러므로 고객에 대한 정보를 바탕으로 전략적인 고객세분화를 하여 목표 고객을 설정하고, 그에 적절한 마케팅 믹스를 개발하여 기존 고객과의 관계를 더 강화할 필요성이 대두되었다(최정환, 이유재, 2001).

최근 수년 동안 마케팅 분야에서는 관계마케팅에 대한 관심이 새롭게 부각되었고, 학문적으로나 실무적으로 많은 사고의 전환을 가져오고 있다. 이를 두고 학자들은 마케팅에 있어서 '가장 혁신적인 변화중의 하나(Nevin, 1995)', 또는 '진정한 패러다임의 이동(Morgan & Hunt, 1994; Gronroos, 1994)' 등으로 정의하면서 여러 산업 전반에 걸친 관계마케팅의 본질과 영향에 대해 논의하고 있다. 이러한 관계마케팅에 대한 관심은 기업과 기업 간의 장기적 관계구축 현상에 대한 연구를 시작으로 서비스기업과 소비자와의 관계에 대한 연구뿐 아니라 최근에는 제조업, 유통분야에서의 기업과 소비자와의 관계에 대한 영역까지 연구가 확장되고 있다.

현재 우리나라 제조업 시장에서 전체매출의 80%가 전체고객의 20%의 핵심고객에 의한 매출액이라는 것이 일반적으로 통용되는 것이라는 점을 감안해볼 때(박찬욱, 1996; 임종원, 1992), 핵심고객의 개발과 장기적 관계의 유지가 기업의 매출이익에 상당한 영향을 미치게 된다는 점은 설득력이 있으므로 소비자를 상대로 한 관계마케팅에 대한 연구가 시급하다고 할 수 있다.

현상적으로 살펴보더라도, 지난 2-3년간의 계속되는 경기침체로 인해 패션사업도 고전을 변치 못하고 있고, 이에 대비한 향후 마케팅 전략으로서 대두되는 것이 예를 들어 백화점의 경우 고객 차별화나 맞춤 서비스-VIP고객의 프리미엄 우대 서비스 등 타겟 마케팅(target marketing) 전략이 실행되고 있다. 귀족 마케팅, VIP마케팅 등의 명칭으로 불리는 타겟 마케팅은 원투원(One-to-One), 개인화, 관계마케팅이라고도 칭해지며, 고객과의 관계를 관리하는 것과도 밀접한 관련이 있다.

이러한 환경적 필요요구에 따라 관계마케팅에 대한 많은 연구들이 이루어지게 되었는데, 그동안의 관계마케팅에 대한 연구는 관계 형성에 대한 이론의 개발(Crosby 외, 1990; Ganesan, 1994; Morgan & Hunt, 1994; Bendapudi & Berry, 1997), 판매원과 고객의 관계에 대한 연구(Macintosh 외, 1992; Sheth & Parvatiyar, 1995), 마케팅 시스템적 연구(Peppers & Rogers, 1994; 고은주, 1996, 1997; 김수영, 1999), 판매원의 성과에 관련된 것(박경애, 허순임, 2000; Hurley, 1998) 등이 있었는데,

현재까지의 관계마케팅 연구는 기업 간 관계에 주로 초점을 두었으며 소비자와의 관계나 소비자 특성 및 의복 구매 행동 특성 등 소비자의 관점에서 관계마케팅을 연구하려는 노력은 부족하였다(송창석, 1996).

Berry & Gresham(1986)은 소비자들이 제품구매를 주기적으로 반복할 때, 소비자가 선택할 수 있는 품목이 많을 때, 소비자의 자아가 연관되어 있을 때, 소비자가 개인적 서비스를 요구할 때는 관계마케팅 전략을 수행하는 것이 매우 유리하다고 하였고, 이러한 관점으로 비추어 볼 때, 패션상품은 관계마케팅을 적용하기에 매우 적합한 상품임을 예측할 수 있다. 첫째로, 패션상품의 가장 큰 특성 중 하나는 제품수명주기(product life cycle)[2]가 짧다는 점을 들 수 있다. 제품수명주기가 짧다는 것은 시간이 지남에 따라 제품이 갖는 효용이 빠르게 감소한다는 것을 말한다(이은영, 1997). 패션상품은 제품의 물리적인 효용가치가 끝나기도 전에 사회심리적인 가치에 대한 효용이 상실된다. 둘째로, 대부분의 소비재가 기능성에 의하여 선택되는데 비해 패션상품은 사회 심리적 특성이 중요한 선택 기준이다. 따라서 소비자는 패션상품을 선택할 때 자기만족이나 신분 상징성 등 자아와 연관된 개념을 가지고 제품을 선택한다. 셋째로, 고도의 산업화가 달성되고 경제사회적 수준이 높아질수록 소비자는 제품을 구입할 때에도 고품질의 서비스를 기대하게 되고, 판매사원의 역할이 구매시점의 의사결정 뿐 아니라, 다음 상품의 구매시점 까지 영향을 미치므로, 기업의 입장에서 수익성 있는 고객을 선별하고 관리하는 것이 무엇보다도 중요한 현 마케팅 상황에서 패션상품에

---

2) 제품수명주기: 제품이 시장에 도입되어서 시장에서 사라질 때 까지의 기간을 말한다.

대한 관계마케팅에 대한 연구는 꼭 필요하다고 생각된다.

국내 의류학 분야에서 관계마케팅에 대한 몇몇 연구들이 이루어졌지만 다음과 같은 몇 가지 제한점을 가지고 있다. 첫째, 이러한 연구들에서 다루어진 관계마케팅의 변인들의 수가 판매원 특성, 대인관계 특성, 관계의 질 등으로 극히 제한적일 뿐만 아니라 관련 변인들 간의 명확한 인과관계를 밝히지 않고 있다. 더구나 고객이 패션기업과의 관계를 형성하는 원인의 분석이나, 고객과 기업 간 관계가 어떻게 형성되고 유지되고 발전되는지에 대한 과정적 측면에 대한 연구는 미미하다(주성래, 2003). 둘째, 관계마케팅의 핵심은 소비자측면으로 여겨지고 있는데, 지금까지 이루어진 연구들 중 소비자들이 관계를 맺음으로써 얻게 되는 관계혜택부분에 대한 심층적인 연구가 부족했다. 관계혜택은 소비자들이 기업과 관계를 맺는 근본이유가 될 수 있으므로 관계마케팅을 적용시키기 위해서는 이 부분에 대한 실증적 연구가 반드시 선행되어야 하며, 동시에 관계마케팅의 결과에 해당하는 부분에 대한 구체적인 연구가 필요하다. 나아가, 관계마케팅의 실행으로 인해서 소비자가 어떻게 달라지는지에 대한 명확한 분석이 있어야만 관계마케팅의 실행에 대한 논리적 근거나 성공에 대한 예측을 할 수 있다. 셋째, 무엇보다도 관계마케팅이라는 개념이 경영학 쪽에서 관심의 대상이 된 시기가 20년도 안 되었고, 의류학 분야에서는 아직까지 새로운 개념으로 많은 실증적이고 경험적인 연구가 되어 있지 않고 있다. 따라서 마케팅의 영역에서 받아들여진 개념과 관련변수를 별도의 조정 없이 그대로 적용하고 있어서 패션소매업의 분야에 적절한 관계혜택이나 관계마케팅 관련변수들에 대한 측정도구의 개발이 무엇보다도 시급한 실정이다.

이러한 연구의 필요성에 따라서, 본 연구에서는 마케팅 전반에 대두되고 있는 관계마케팅 개념을 정리해보고, 패션상품의 관계마케팅 사례를 살펴봄으로써 패션상품 소비자의 관계혜택 지각차원을 찾아내고, 장기적 관계지향성의 형성에 영향을 줄 것으로 생각되는 변수들을 설정하여 패션상품 소비자의 장기적 관계지향성 형성 과정 모형을 구성하고 검증하였다.

이러한 연구는 패션마케팅에 관계마케팅이라는 새로운 패러다임을 적용시켜보는 시도라는데 의의가 있고, 연구에 따라 밝혀진 결과들은 패션점포에서 고객관계를 가지고 있는 기존 고객을 더욱 만족시키고 나아가 장기적 관계를 유지하면서 고객과 기업이 동시에 이익을 창출할 수 있는 효율적인 관계마케팅 전략을 세우는데 도움을 줄 수 있다.

제2절 연구의 목적

본 연구는 패션 소매업이 장기간 고객관계를 유지함으로써 기업에 진정한 이익을 창출해줄 수 있는 고객을 개발하고 그들과의 장기적인 관계를 형성할 수 있는 관계마케팅 전략을 효과적으로 실시하기 위한 사전 작업으로서 관계마케팅의 개념 및 특성을 정리하고자 하였으며, 패션기업의 관계마케팅 사례와 패션상품 소비자의 관계혜택 지각 내용을 살펴보고자 하였다. 다음으로 기업과 소비자와의 고객관계에 영향을 줄 것으로 생각되는 변수들을 설정하여 소비자의 관계혜택 지각이 장기적 관계지향성에 미치는 영향과정을 밝히고자 하였다.

본 연구의 구체적인 목적을 서술하면 다음과 같다.

첫째, 최근 새롭게 등장하는 관계마케팅에 관한 개념을 정리하고자 하며, 패션상품 소비자를 대상으로 적용하기 위해서 실제적으로 패션점포에서 이루어지고 있는 관계마케팅의 사례 내용과 성과를 관계 대상에 따라 정리하여 패션점포의 관계마케팅 접근에 대한 타당성을 마련하고자 한다.

둘째, 패션기업의 관계마케팅 실행에 따라 소비자가 지각하는 관계혜택 지각 내용을 심층적으로 밝히고자 한다. 관계마케팅을 효과적으로 실행하기 위해서는 소비자 관점에서 관계혜택 지각 내용에 대한 연구가 선행되어야 하는데, 지금까지의 선행연구들에서는 패션기업의 관계마케팅 실행에 대해 소비자의 관계혜택 지각을 연구하는 노력이 부족하였다.

셋째, 패션상품 소비자의 관계혜택 지각이 만족과 신뢰, 몰입의 단계를 거쳐 장기적 관계지향성을 형성하는 과정에 대한 경로를 검증하고자 하며, 아울러 소비자 특성에 따라 관계혜택 지각이 장기적 관계지향성에 미치는 영향력에 차이가 있는 지 밝혀내고자 한다. 소비자들의 관계혜택 지각이 최종적으로 어떠한 결과를 가져오는지에 대한 과정의 연구나 그러한 과정에 영향을 미치는 변수들에 대한 심층적인 연구가 시행된다면 다양한 관계혜택을 개발하고 이를 실행하는데 있어 보다 적절한 시기와 방법 및 구체적인 대상을 세분화할 수 있으므로 기업의 관계마케팅 전략 개발에 실질적인 정보가 될 수 있을 것이다.

이러한 목적을 달성하기 위해서 본 연구에서는 일반 소매업의 관계마케팅에 관한 선행연구 및 패션상품 관계마케팅에 관한 선행연구들을 고찰하고, 패션상품 소비자의 장기적 관계지향성 형성 과정에 영향을 미치는 관계혜택 차원을 밝히며, 관계혜택이 장기적 관계지향성에 영향을 미치는 과정을 나타내는 이론적 모형을 설정한 후, 이를 실증적으로 검증하여 패션상품 소비자들을 대상으로 관계혜택 지각이 장기적 관계지향성 형성 과정에 미치는 영향을 밝혀내었다.

제3절 연구의 구성

본 연구는 이론적 연구와 실증적 연구로 이루어졌다. 이론적 연구에서는 관계마케팅의 개념에 대한 정의와 관계의 형성 과정에서 영향을 줄 수 있는 요인 및 장기적 관계지향성에 영향을 줄 수 있는 매개변수들을 선행연구들을 통해 고찰함으로써 실증연구에 사용된 변수들의 선정에 대한 논리적 근거를 제시하고, 이를 바탕으로 패션점포의 관계혜택 지각과 장기적 관계지향성 과정에 대한 연구모형을 가정하였다.

실증연구에서는 이론적 연구에서 정리된 개념을 바탕으로 도출된 변수들을 실제 패션상품 소비자들을 대상으로 측정하였고, 이를 통해 변수들의 인과관계를 검증하여 패션상품 소비자에 타당한 관계혜택과 장기적 관계지향성 형성 과정을 밝혔다.

본 연구는 크게 4장으로 구성되었다.

제1장은 서론으로 패션점포의 관계마케팅에 대한 연구의 필요성과 그에 따른 구체적인 연구목적을 밝히고, 논문의 전체적인

구성을 제시하였다.

제2장은 새로운 마케팅 패러다임으로 떠오른 관계마케팅에 관한 폭넓은 고찰로, 관계마케팅의 개념과 특징을 정리하고, 여러 산업을 대상으로 한 관계마케팅 연구 동향을 고찰하였고, 관계혜택과 장기적 관계의 형성에 영향을 줄 수 있는 선행요소 및 매개변수와 결과변수들에 대해 조사하였다. 또한, 현재 패션상품 관계마케팅 사례를 살펴보면서 관계혜택 특성을 정리하였으며, 패션상품 관계마케팅에 관한 선행연구를 통해 관계혜택이 장기적 관계지향성을 형성하는 과정에 대한 이론적 모형을 설정하였다

제3장은 실증적 연구방법으로서 연구문제 및 연구모형을 설정하고, 이를 검증하기 위한 연구방법 및 절차를 설명하였다.

제4장은 결과 및 논의로써 패션상품 소비자의 관계혜택 지각을 측정하였고, 이론적 연구에서 도출된 장기적 관계지향성에 영향을 미치는 변수들에 대한 측정을 통해 이론적으로 구성한 관계혜택과 장기적 관계지향성 모형에 대해 실증적으로 검증하였다. 마지막으로 소비자 특성 집단에 따라 관계혜택 지각이 장기적 관계지향성에 미치는 과정에 차이가 있는 지를 밝히고 특히 어떤 경로에서 차이가 있는 지 밝혔다.

제5장은 결론 및 제언부분으로 연구결과를 요약한 후 논의하였으며, 관계마케팅 전략을 효과적으로 세우기 위한 제언을 하였고, 마지막으로 본 연구의 제한점 및 후속연구를 위한 제언을 하였다.

제2장 이론적 고찰

　본 장에서는 패션상품 소비자의 관계혜택이 장기적 관계지향성에 미치는 영향을 실증적으로 조사하기에 앞서 관계마케팅이라는 개념이 처음 출현하게 된 배경과 전통적 마케팅과 다른 관계마케팅의 특성 및 장기적 관계의 형성에 영향을 주는 변수들에 대해서 선행연구들을 중심으로 고찰해보았다. 다음으로 패션상품 소비자에 대한 실제 관계마케팅 사례에 대해 살펴보면서 관계혜택과 연관성을 살펴보았고, 패션상품 관계마케팅 연구 동향을 정리하여 패션상품 소비자의 관계혜택 지각 및 장기적 관계지향성 과정에 영향을 미칠 수 있는 변수들을 살펴보았다.

제1절 관계마케팅

　본 절에서는 패션상품 소비자의 관계혜택 지각과 장기적 관계지향성 간의 관계 모형을 밝히기 위한 이론적 근거를 마련하기 위해 관계마케팅에 관한 개념과 특성 및 관련변인들을 다룬 선행연구들을 살펴보았다.
　먼저, 관계마케팅이라는 새로운 개념이 등장하여 마케팅 패러다임의 변화를 가져온 배경과 이유에 대해서 살펴보았고, 관계마케팅의 특징과 중요성에 대해서 정리하였으며, 다양한 산업을 대상으로 한 관계마케팅 선행연구들을 중심으로 관계마케팅에 영향을 미치는 변수들과 관계마케팅의 결과를 고찰하였다.

1. 관계마케팅의 발생 배경

마케팅의 초점은 교환(exchange)에 있다는 Hunt(1983)의 주장 이후에도 대부분의 마케팅 전략은 교환관계를 일회적인 관계로 다루어 왔으며, 연속적이면서도 관계적인 관계에 대한 연구는 소홀해왔다(Dwyer, Schurr & Oh, 1987). 그러나 최근 구매자와 판매자의 관계에 대한 시각이 상호 밀착된 협력관계로 보는 추세가 두드러지고 있으며(Heide and John, 1990), 1980년대 말부터 관계마케팅(Relationship marketing)이란 용어가 마케팅 연구에서 새로운 접근방법으로 등장하면서 서비스, 금융, 제조업 등 산업 전반에서 그 개념의 정의나 구성요소, 형성 과정 등에 관한 다양한 연구가 진행되고 있는데, 이는 고객과의 관계를 장시간에 걸쳐서 서로 서로 유익한 관계를 강화시키는 마케팅은 어떻게 개발되어야 하는지에 대한 해답을 모색하는 과정에서 마케팅 초점의 전환이 이루어진 것이다(임종원, 1987). 이러한 패러다임의 이동은 구매자−판매자행동의 상호관계에 초점을 둔 새로운 접근법으로 먼저 서비스마케팅과 산업마케팅 분야에서 그 우월성이 강조되어 왔으나 이제는 소비재시장에서도 그 개념이 적용되는 것이 바람직한 것으로 확산되고 있는 추세이다.

관계에 중점을 둔 새로운 마케팅 패러다임은 구매자와 판매자 간의 마케팅 교환을 일회적이 아닌 반복적이고 장기적인 교환으로 보는 관계마케팅이라고 할 수 있다. 관계마케팅은 단순히 고환 가능성이 있는 고객들을 대상으로 제품이나 서비스를 파는 것이 아니라 기업과 소비자가 관계의 기반위에서 공동의 이익을 만들어 그곳에 고객들이 거무를 수 있는 환경을 설정하고자 노력하는 마케팅 영역을 말한다(임종원, 김기찬, 1990). 이는 종합적인 관계의 수준에서 마케팅시스템을 파악하여, 총 수요의 길 부로서 익명의 존재로 고객을 간주하던 대량생산, 대량소비 시대의 접근과는 달리 부의 형성 과정에 있어서 고객을 독립된 파트너로 파악하여야 할 필요성에 따른 마케팅 접근 방식의 변화라고 할 수 있다.

Kotler(1991)도 오늘날 마케팅 분야의 학자들과 실무자들에게서 논의의 초점이 과거의 일회적 교환으로부터 '관계'와 '네트워크'로 이동하고 있다고 하였다. 따라서 마케터들은 현재의 고객들을 어떻게 유지할 수 있을까에 대한 고민을 시작해야 하며 또한 과거의 마케팅 믹스에 머물렀던 사고의 초점을 '관계'로 이동해야 한다고 강조하고 있다. 또한 그는 관계마케팅이란 "마케팅 관리자와 고객, 중간상, 다리점, 공급자들 상호 간에 경제적, 기술적, 사회적 유대를 강화하여 장기적이며 신뢰할 수 있는 협력적인 관계를 수립함으로써 수익적인 거래를 형성하는 것"이라고 설명하였다.

이렇게 마케팅에서의 패러다임의 변화를 촉구하게 된 배경으로 먼저 제품과 시장의 성격이 변화하고, 과거에 비해서 반복 구매와 고객유지가 더욱 중요하게 되었다는 점을 들 수 있다. 많은 학자들은 시장의 성숙, 경쟁의 격화, 제품수명주기의 단축, 고객 구매패턴의 급격한 변화 등의 환경변화에 따라 신규고객의 확보보다는 기존고객의 유지가 더욱 중요하게 되었고, 게다가 관계를 리를 지원할 수 있는 다양한 정보기술들이 발전함에 따라 관계마케팅이 출현하게 되었다고 생각했다(Craig-Lees & Caldwell, 1994; Berry, 1995). 그 외에도 관계마케팅이 발전하게 된 또 다른 요인으로는 전체적인 품질 관리에 대한 대중성을 들 수 있다. 전체 품질 관리의 목적이 품질은 증진시키되 비용은 절감하는 것이므로, 생산과 소비자 전체 과정에서 피드백을 얻기 위해서는 보다 밀착된 관계를 형성할 필요가 있게 되었고, 이러한 필요에 따라 관계마케팅이 발전할 수 있었다(Sheth & Parvatiyar, 2002).

Christoper(1991)는 거래에 초점을 두는 판매위주의 판촉개념에서 벗어나 경제적·기술적·사회적 관계강화를 통하여 고객을 깊이 이해하고 고객과의 장기적인 유대관계를 강화하는 것에 초점을 두는 방향으로 기업과 고객 간의 상호관계의 본질이 변하고 있다고 하였다. 그러므로 기업은 이제 고객에 대한 관심이 증가함에 따라 고객과의 관계를 구축하고, 이러한 관계를 장기적이며 효율적으로 활용할 필요성이 생겨, 고객을 관리하고 장기적이고 지속적인 유대관계를 형성함으로써 고객의 만족, 신뢰, 몰입 등 관계 형성 과정의 특징과 고객충성이나 장기적 고객관계라는 관계결과를 창출하는 것을 목표로 하게 되었다(Rayport & Sviokla, 1994; Takala & Uusitalo, 1996).

2. 관계마케팅의 개념 및 특징

관계마케팅에 관한 정의는 강조하는 분야와 그 내용에 있어서 학자들 간에 다소 의견의 차이를 보이는데, 임종원(1987)의 연구에서는 관계마케팅을 기업이 마케팅 시스템에서 어떤 요소와의 관계에 초점을 두는지에 따라 정의와 유형을 달리했다. 관계마케팅에 대한 정의는 크게 기업이 맺고 있는 관계에 초점을 두는 정의들과 마케팅 시스템이나 네트워크 등의 구조를 중심으로 한 정의 등으로 나누어 볼 수 있다(신종칠, 1997). 관계마케팅에 관한 대표적인 정의들을 다음 [표 2-1]에 정리하였다.

1) 고객과의 관계에 초점을 둔 관계마케팅 정의

고객과의 관계에 초점을 둔 관계마케팅 정의에서는 고객 중심적 사고를 바탕으로 여러 가지 마케팅 요소의 도움을 받아 고객과의 관계를 창출, 유지, 증진시켜 관계지향성을 높이려는 장기적이고 지속적인 마케팅활동이 관계마케팅이라고 나타내고 있다.

관계마케팅이란 용어는 Berry(1983)에 의해서 처음으로 제시되었는데, 그는 관계마케팅을 기업이 소비자와의 관계를 형성, 유지, 강화하는 마케팅 활동이라고 정의하였고, 때때로 관계마케팅은 기업과 고객과의 친밀하고 상호신뢰적인 관계를 형성하기 위한 상호작용적 마케팅을 의미한다고 정의되기도 한다(Dwyer, Schurr & Oh, 1994).

Kotler & Amstrong(1996)에 따르면, 관계(relationship)란 일련의 상호작용과 상황에 따른 변동을 통해 전하고 변화하는 과정적 현상으로 정의되는 개념으로, '구매자가 상표에 의해 판매자를 알고 있으며, 판매자는 구매자의 지리적 위치와 기타 선분적 특성을 알고 직접적으로 구매자와 의사소통을 한다는 것'을 의미하기도 한다. Ravald & Groonroos(1996)는 기업이 곧계를 맺고 있는 다양한 파트너들과의 장기적인 관계를 구축하고, 유지하고, 향상시키는 것으로 정의하였고, 김기찬(1992)의 연구에서는 기업의 내, 외부적 관계를 창조하고 유지하도록 하는 것으로 정의되었다.

이처럼 관계에 중심을 둔 정의에서는 고객과의 관계를 통하여 고객의 요구와 욕구에 대해 학습하고, 이를 통하여 기업과 고객이 공동으로 생산 활동에 참여함으로써 상호적 가치의 창출을 증가시킬 수 있다고 보았다(Wikstrom & Normann, 1994). 이러한 고객관계에 있어서 기업은 제품, 서비스, 기타의 다른 혜택들에 대해 고객과 약속을 하게 되는데 관계가 유지되고, 개발되고, 상업화되기를 기대한다면 당사자들은 서로에게 약속을 지켜야만 하며, 이를 통해 고객관계의 수익성 있는 상업화를 강조하고 있다(Takala & Uusitalo, 1996).

이러한 고객관계를 중심으로 한 관계마케팅에 대한 정의들은 정보기술의 도입과 더불어 데이터베이스 마케팅(database marketing)[3] 분야와 결합하는 경향을 보이고 있다(Shani & Chalasani, 1993). 결국 관계를 중요시 하는 기업은 다양한 수단을 통한 고객과의 1:1 접촉을 시도하고 있으며, 이를 통해 개별적인 혜택을 제공하고자 하며, 이러한 활동을 수행함으로써 개별 소비자들은 기업과 장기적인 관계를 형성하게 되는 것이다.

---

[3] 데이터베이스 마케팅: 고객에 관한 데이터베이스를 구축, 활용하는 마케팅 전략.

[표 2-1] 관계마케팅에 관한 주요 정의들

연구자	정의 내용
Berry(1983)	·소비자와의 관계를 형성·유지·강화하는 마케팅 활동.
임종원(1987)	·4P 이외의 수단들을 마케팅시스템에서 찾아 이를 매출 증가와 연결시키는 새로운 전략적 마케팅 시스템.
임종원, 김기찬 (1990)	·기업과 소비자가 관계의 기반위에서 공동의 이익을 만들어 그 곳에 고객이 머무를 수 있는 환경을 설정하고자 노력하는 것.
Shani & Chalasani(1993)	·장기간에 걸쳐 상호작용적이며 개별화된 부가가치를 향상 시키는 접촉을 통하여 개별고객들과의 네트워크를 파악·유지·구축하고, 양측의 호혜적인 혜택을 위하여 네트워크를 지속적으로 강화하는 노력.
Cravens & Piercy(1994)	·네트워크 관점에서 상호협력과 상호의존성을 통하여 관계를 맺고 있는 당사자 간의 상호가치를 창출하는 것.
Morgan & Hunt(1994)	·중심기업을 중심으로 한 공급자 파트너십, 수평적 파트너십, 구매자 파트너십, 내부적 파트너십을 포함한 관계적 교환.
Lehtinen 외 (1994)	·관련 당사자들의 목적이 충족되도록 고객, 다른 내·외부 이해관계자들과의 장기적 관계를 구축·유지·향상시키는 것
Gronroos (1994)	·당사자들의 목적이 충족되도록 고객과 다른 파트너들과의 관계를 구축·유지·향상시키는 것.
Kotler & Amstrong(1996)	·구매자가 상표에 의해 판매자를 알고 있으며, 판매자는 구매자의 지리적 위치와 기타 신분적 특성을 알고 직접적으로 구매자와 의사소통을 하는 것.
Ravald & Gronroos(1996)	·기업과 관계를 맺고 있는 공급자들, 마케팅 중계기관들, 공중, 고객들과의 관계를 유지하는 것.
Aijo(1996)	·가치 있는 것들의 교환에 참여하는 여러 파트너들 사이의 밀접하고 장기적인 관계에 관심을 두는 것.

연구자	정의 내용
Takala & Uusitalo(1996)	·고객관계의 구축·강화·개발의 중요성을 강조하고, 고객관계의 수익성 있는 상업화와 개인과 조직의 목적추구에 관심을 갖는 것.
이유재(1998)	·고객과의 대화를 창출하여 더욱 좋은 상품을 제공하기 위한 장치.
Browns(1998)	·소비자의 관계를 형성하고 싶어 하는 기업의 동기를 문제화하고 소비자가 관계를 추구하는 기업을 신뢰하는 이유를 물어보는 "전략".
Parvatiyar & Sheth(2000)	·현재 또는 최종 소비자가 절감된 비용으로 상호적인 경제적 가치를 창조하거나 고양하기 위해 협력적 프로그램에 참여하는 지속적인 과정.
Berry(2002)	·소비자나 마케팅, 가치창조에 관해 생각하는 방식으로써 전략이나 기술, 도구, 기법 이상의 의미를 갖는 하나의 철학.

2) 마케팅 시스템이나 네트워크 구조를 중심으로 한 정의

관계에 초점을 둔 정의들과는 달리 관계의 안정적인 패턴인 관계구조를 중심으로 하는 정의들이 있는데, 이것들은 마케팅 시스템이나 기업들 간의 네트워크 구조에 초점을 두고 있으며, 이러한 관계의 구조를 어떻게 효과적으로 관리할 수 있는가에 관심을 가진다(임종원, 1987). Morgan & Hunt(1994)는 관계적 거래유형을 핵심 기업을 중심으로 관계 대상에 따라 크게 네 가지로 나누었다[그림 2-1].

[그림 2-1] 관계적 거래의 유형

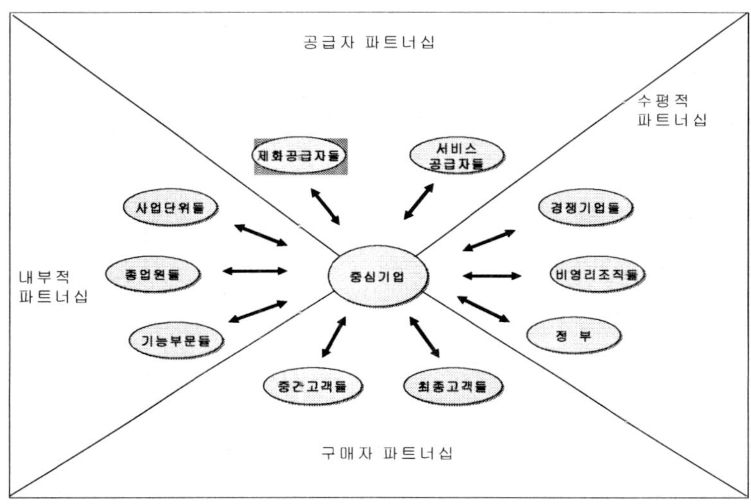

자료원: Morgan, R. M. & Shelby, D. Hunt(1994),
The commitment-trust theory of relationship marketing,
journal of marketing, 58, 20-38.

첫 번째 유형은 공급자 파트너십(supplier partnership)으로 소비자에게 판매할 제품을 성산하기 위해 필요한 원재료와 부품 공급업자 및 광고나 마케팅 리서치 에이전시 등의 서비스 제공업자와 형성하는 관계를 포함한다. 두 번째 유형은 수평적 파트너십(lateral partnership)으로 기업과 마케팅 환경 간의 관계를 포함한다. 기업의 마케팅 활동에 영향을 미치는 정부, 소비자단체, 언론기관, 금융기관 등 외부 환경기관과 우호적 관계를 맺어 기업의 마케팅 활동을 활성화하는 것을 목적으로 하며 환경을 주어진 것으로 생각하는 전통적 마케팅과는 달리 '관리론'적 입장을 취한다. 세 번째 관계유형은 구매자 파트너십(buyer partnership)으로 최종소비자와의관계 및 유통 종사자와의 관계가 포함된다. 네 번째 관계유형은 내부 파트너십(internal Partnership)으로 기업 내의 마케팅부서와 연구, 생산 부서 및 자회사 간의 상호관계 및 종업관의 관계를 포괄한다. 이들은 내부고객이라고도 불리는데 이들의 만족을 통해 최종 소비자 만족의 질을 확보하고자 하는 것이다.

이러한 구조중심의 관계마케팅의 정의에서 시업의 성과는 자신의 행위뿐 아니라 다른 조직들의 행위에 의해 결정되고, 고객에 대한 가치의 창출과 전달은 다른 조직들과의 관계의 네트워크에서 비롯되어 있다고 본다(Wilkinson & Young, 1994). 이러한 시스템 경쟁에 있어서 기업은 마케팅 시스템 내에서 기업이 존재할 수 있는 구조적 여건을 구축하고 관리해야 한다(임종원, 1987). 이러한 구조적 측면과 관련하여 Cravens & Piercy(1994)의 연구에서는 관계마케팅을 활용함으로써 기업은 상호협력과 상호의존성을 통하여 가치를 창출하고 배분할 수 있어야 한다고 보고 있다. 이러한 관계마케팅 과정들은 진정한 고객의 욕구와 연결되어 가치를 창출할 수 있을 때 의미를 가지는데 고객으로부터 시작하여 고객으로 종결될 때에만 전략적이라 할 수 있다(Stalk 외, 1992).

관계마케팅의 특징은 일반적인 마케팅과의 비교를 통해 더욱 차별화된다. 일반적으로 마케팅 활동은 제품 판매자와 구매자 사이의 교환관계에 의해서 이루어진다. 판매자와 구매자 간의 교환의 종류는 판매자와 구매자 간의 불연속적, 일회성 특성을 갖는 거래적 교환과 판매자-고객 간의 지속적인 상호작용이 이루어지는 관계적 교환으로 나눌 수 있다. 거래적 교환이란 단기적, 비반복적으로 상호작용 하는 거래로서, 거래적 교환에서는 주로 가격에 의해 구매가 성사되고 구매자들은 다수의 공급자들을 이용하며 자주 반복적으로 공급자들을 바꾸는 경향이 있다. 반면, 관계적 교환은 장기적인 관계를 전제로 하여 거래가 이루어지며, 이 경우는 가격에 덜 민감하며 거래적 교환보다는 거래 당사자 간의 상호몰입의 정도가 강하다는 점이 특징이다(임종원, 양동석, 1994).

이유재(2000)는 관계마케팅 전략과 전통적 마케팅 전략과의 차이점을 밝혔는데, 첫째로는 고객을 보는 시각에서 전통적 마케팅이 고객을 단지 자사 제품을 팔아야 하는 대상으로 간주한 반면, 관계마케팅은 기업이 고객을 하나의 동반자로 보고 고객과의 장기적인 관계를 유지함으로써 자연스럽게 수익을 창출하고자 한다는 것이다. 둘째, 기업과 고객 간의 의사소통 방향에서의 차이점을 들 수 있는데, 기존 마케팅은 기업이 매스 미디어를 통해 고객에게 일방적으로 메시지를 전달한 반면, 관계마케팅은 다양한 수단, 예컨대 전화연락 혹은 우편물 발송 등을 통하여 쌍방향 커뮤니케이션을 강조한다는 것이다. 또한, 기업과 고객과의 직접적인 커뮤니케이션이 가능하며 고객으로부터의 정보흐름 또한 중요하게 여겨진다. 셋째, 규모의 경제에서 범위의 경제로의 전환으로, 전통적 마케팅은 가능한 많은 고객에게 많은 제품을 판매하는 대량생산, 대량판매에 의한 규모의 경제(Economy of Scale)를 지향했다면, 관계마케팅은 한 고객에게 다양한 제품을 판매하거나 거래기간을 장시간 유지시키는 범위의 경제(Economy of Scope)를 도모하고 있다는 것이다. 넷째, 관계마케팅에서 마케팅 성과 측정의 지표가 전통 마케팅에서는 시장점유율이었으나 관계마케팅에서는 고객점유율로 바뀌었다는 것이다. 고객점유율 개념은 한 고객의 생애가치 중에서 특정회사가 차지하는 비중과 관련된 개념이다. 여기서 고객의 생애가치란 장기적인 고객관계를 통해 고객이 기업에 기여하는 정도를 말하는 것이다. 다시 말해 종래에는 불특정 다수의 고객을 하나의 동질적 시장으로 보고 이 시장에서의 점유율을 높이는 것이 주 목표였지만 관계마케팅에서는 고객 개개인을 하나의 독립된 시장으로 보고 개별 고객 당 관련부문 지출액에서 자사상품 매출의 비중, 즉 고객점유율을 높이는 데 초점을 둔다는 것이다. 다섯째, 관계마케팅에서는 차별화나 관리의 초점이 제품뿐만 아니라 고객으로 확산된다는 것이다.

[표 2-2] 거래마케팅과 관계마케팅의 비교

거래 마케팅	관계마케팅
· 단순히 판매에 초점 · 제품특징에 초점을 둠 · 단기적 관점 · 고객서비스를 거의 강조하지 않음 · 한정된 고객관여 · 온건한 고객 접촉 · 품질은 1차적 생산단계에서만 관심을 가짐	· 고객 유지에 초점을 둠 · 제품혜택에 주안점을 둠 · 장기적 관점 · 고객서비스를 강조함 · 높은 고객관여 · 적극적인 고객접촉 · 품질은 모든 분야에서 관심을 가짐

자료원: Relationship Marketing: Bringing quality, customer service and marketing together, Christopher, M., Payne, A. & Ballantyne, D. (1991).

관계마케팅의 근본 목적은 거래 당사자 간의 관계 그 자체가 아니라 교환활동의 기반구축을 통한 경쟁력의 강화라고 할 수 있다. 이에 따라 관계관리 전략이 중요한 마케팅 수단이 되며, 단기적 이윤의 극대화를 위한 일회성 교환의 효율성 추구보다는 장기적 성과의 안정성을 위하여 거래에 직, 간접적으로 영향을

미치는 여러 당사자와의 연결을 통한 마케팅 하부구조의 구축을
필요로 한다(Morgan & Hunt, 1994).

3. 관계마케팅의 중요성

 관계마케팅을 추구함으로써 얻어질 수 있는 효과는 고객유지
의 경제성을 달성할 수 있다는 점이다(김영구, 1997). 마케터가
고객을 유지하는 노력을 직접적으로 더 많이 할 때 기업의 입장
에서는 비용이 더 적게 들 것이다. 이는 한 명의 새로운 고객을
유치하는 것보다는 기존 고객 한 명을 유지하는 것이 비용이 훨
씬 적게 들기 때문이다. 또한, 고객이 마케터에게 오래 머물러
있을수록 마케터에게는 이익이 될 것이다. 이와같이 장기적으로
고객과의 관계를 유지, 향상시키는 것은 관계마케팅의 일환으로,
기업의 입장에서 관계마케팅이란 장기간에 걸친 이익을 확보하
기 위해 고객과의 대화를 창조하여 더욱 좋은 상품을 제공하기
위한 장치라고 할 수 있다(이유재, 1998). 이는 고객들이 구매에
만족할수록 반복구매하거나 기업에 여러 가지 호의적인 태도와
행동을 보여주지만 일단 고객이 이탈하게 되면 현재 거래에서의
이윤 뿐 아니라 미래의 이윤까지 가져가며 더 나아가 고객이 불
만족하거나 화가 난 상태에서 이탈하게 될 경우 부정적인 구전
을 퍼뜨림으로써 장래 고객까지 감소시키기 때문이고, 이러한
점에서 관계마케팅은 더욱 중요하다.
 한편, 협동적이고 효율적인 고객반응을 통해서 마케터는 시스
템 내에서 낭비되고 있는 비생산적 마케팅자원을 줄일 수 있을

것이다. 대량의 쿠폰 발생에 드는 인쇄비와 유통비용을 절감할 수 있고, 또한 유통물류의 부적절한 예측과 협조부족으로 인한 대량의 재고 발생을 막을 수 있다. 소비자-마케터 간에 좋은 관계와 협동관계를 갖는다면 마케터를 효율적으로 만드는 신속반응(Quick Responses)을 유발하여, 소비자가 요구하는 제품의 흐름을 계속적으로 제공할 수 있을 것이다. Sheth & Parvatiyar(1995)는 소비자와의 관계마케팅 결과로써 마케팅의 효과성과 효율성의 향상으로 인한 기업의 높은 생산성 달성을 지적하였다.

지금까지 관계마케팅의 개념과 정의 및 특징에 살펴보았듯이 관계마케팅에 관한 여러 가지 개념 정의 중에서 소비자는 가장 중요한 개념이며, 회사와 소비자와의 관계가 회사의 생존과 성공에 매우 중요하다는 것은 학자들 간에 일치된 의견이다(Bendapudi & Berry, 1997). 그렇지만, 몇몇 학자들은 관계마케팅 노력에 대한 소비자의 감정을 중시하지 않아서 관계마케팅 실행이 실패한다고 하였다(Brown, 1998; Fournier, Dobscha & Mick, 1998; Michell, 2002). 관계마케팅 활동은 고객에게 어떤 혜택을 줄 수 있어야 하는데 기업은 고객들과의 지속적이고 장기적인 상호작용을 통하여 고객을 더 잘 이해하고, 고객에 대해 더 많은 지식을 학습하고, 고객의 문제를 이해하게 됨으로써 기본적으로 좀 더 고객화 된 제품을 제공할 수 있을 것이다. 즉, 고객관계중심의 관계마케팅을 통하여 기업은 단순한 제품이나 서비스 이상의 더 많은 혜택을 고객에게 제공할 수 있으므로 기업은 고객과의 관계 유지에 많은 노력을 쏟을 필요가 있다. 특히 소매업자는 관계를 형성하는 기법 및 전략이 지속적인 경쟁우위를 얻을 수 있는 하나의 전략이 될 수 있다는 점을 알아야 한다(Chain store age, 1998).

전통적인 마케팅에서는 고객의 각각의 거래와 각 거래에서의 고객의 행동을 연결시키는 것이 그다지 중요하지 않았지만 관계마케팅에서는 고객이 과거에 어떤 식의 상호작용을 해왔고 앞으로는 어떤 상호작용을 할 것인가에 따라 달리 취급되어 진다.

따라서 본 연구에서는 관계마케팅의 여러 유형 증에서도 특히 소비자가 패션상품의 구매를 통해 형성하는 고객관계에 초점을 두고 관계혜택 지각 및 장기적 관계지향성의 형성 과정에 대쾌서 주로 논의하였다.

4. 관계마케팅 연구 동향

관계마케팅에 대한 연구대상은 주로 산업재 시장이나 서비스 시장이 중심이 되어 왔으며, 소매업의 경우 소비자와 판매자 간 관계의 기간이 짧을 수 있기 때문에 소매업에서 기업과 고객의 관계는 중요시되지 않았다. 주로 산업측면에서 성장률 감소, 공급과잉, 경쟁격차와 시장측면에서 시장포화에 따른 신규고객 확보의 비효율성, 반복 구매 중심 시장으로의 전환에 따라 고객과의 장기적인 관계를 형성, 유지, 향상시키려는 활동을 통하여 마케팅 성과를 높일 수 있다는 점을 강조해 왔다(Berry, 1983; Craven & Piercy, 1994).

그러나 최근과 같은 소비자의 빠른 변화 및 지속되는 경제침체와 과열된 동종 업태 간 경쟁상황에서 기업은 보다 큰 이윤의 획득을 위해 소비자와 장기적인 관계를 맺으려고 많은 노력을 하고 있으며 이에 대한 연구 동향도 고객과의 우호적 관계의 형성, 유지, 발전을 강조하고 있으며, 관계적 거래로의 전환을 통한 교환적 거래 시에 발생하는 위험의 감소나 이에 따른 장기적 관점에서의 거래비용의 감소, 그리고 이를 위한 환경조성에 대한 연구가 중심이 되어왔다. 특히, 낮은 성장률과 격심한 경쟁 환경에 놓여있는 소매업환경에서 현재 존재하는 고객의 수를 유지해야 할 필요성이 보다 강조되고 있다(Sirohi 외, 1998). 관계마케팅은 소비자에게 혜택을 제공함으로써 경쟁에서 이길 수 있게 하고, 상당한 수준의 충성도까지 형성할 수 있다는 강점이 있다(Reynolds & Beatty, 1999).

[표 2-3]은 지금까지의 개인 소비자를 대상으로 한 관계마케팅에 관한 연구를 정리한 것이다. 초기의 연구에서 최근의 연구까지의 흐름을 요약해보면, 관계의 형성 과정에 영향을 주는 변수가 관계의 강도(Ellen & Johnson, 1999), 관계의 품질(김영아, 2002), 관계의 기간(이켈렙, 1997), 판매자 특성(김세환, 1997; 송종호, 1994; Crosby 외, 1990) 등에 대한 연구가 많았고, 최근에는 소비자가 지각하는 관계혜택에 대해 초점을 두고 연구되고 있다. 관계마케팅의 연구 초기에는 주로 서비스와 관련된 산업에서 관계마케팅 개념이 다루어졌고, 시간이 흐르면서 상품 소비자를 대상으로 관계마케팅 연구가 시도되었다.

관계마케팅의 결과에 영향을 주는 매개변수로는 만족과 신뢰 및 몰입 변수가 가장 빈번하게 연구되었고, 그밖에 관계의 질이나 관계의지 등이 연구되었다. 상황 특성이나 상호의존 정도, 지각된 위험 등이 관계의 결과에 영향을 미칠 수 있는 변수로 나타났다.

관계마케팅의 결과변수로는 관계의 장기지향성(서문식 외, 2001; 이주빈, 1999; 이켈렙, 1997; Morgan & Hunt, 1994)이

가장 빈번하게 연구되었고, 그 외에 관계의 질(백수경, 1999), 미래 의도, 점포 수익률 등이 연구되었다. 또한, 관계마케팅의 영향을 받은 소비자의 태도와 행동의 변화를 관계마케팅의 결과로써 측정하기도 하였고, 전환 감소 의도나 긍정적 구전 의도 등이 관계마케팅의 결과 변수가 될 수 있는 것으로 나타났다. 관계마케팅의 결과변수로써 가장 많이 연구된 장기지향성의 경우 연구자들마다 측정방법에 있어 다소 차이가 있으며 또한 패션상품 소비자를 대상으로 한 측정이 미흡하므로 이 부분의 연구가 더 필요하다고 생각된다.

[표 2-3] 소매업의 관계마케팅에 관한 연구 동향

연구자	연구대상	선행변수	매개변수	결과변수
Crosby, Kenneth & Deborah (1990)	생명보험 고객	판매원의 성격, 관계적 판매행위	관계의 질 (신뢰와 만족)	경영의 효과성, 미래 거래에 대한 예상
송종호(1994)	승용차 시장	고객의 특성, 판매원 특성, 상호작용 특성	상황 특성 상호관계 정도 제품관련만족도	제품관계 지속성, 판매원 관계 지속성
Morgan & Hunt(1994)	자동차 타이어 소매상 고객	관계종결비용, 공유가치, 커뮤니케이션, 기회주의적 행동	상호의존 정도	장기적 관계지향성
정기영(1996)	승용차 고객	판매원 특성, 고객 - 판매원 상호 행동, 고객 특성	상황 특성 고객과 판매원 상호관계 정도 제품관련만족도	종합관계 지속성
김세환(1997)	제조회사	구매자 특성, 판매자 특성,	-	관계 유지성
Ramsey & Sohi(1997)	자동차 고객	판매원 청취행위	만족 신뢰	미래의 상호작용에 대한 기대
이켈렙(1997)	이동통신 고객	관계의 기간, 의사소통, 과거결과의 만족	신용 우호성	장기지향성
Bendapudi & Berry (1997)	서비스 제공자	환경특성, 파트너특성, 고객 특성, 상호작용 특성	의존과 신뢰	대안에 대한 흥미, 묵인, 협조, 강화, 동일시, 옹호
Macintosh & Lawrence (1997)	와인 소비자	판매원 신뢰, 점포 만족, 점포 신뢰	판매원 몰입 점포 태도	구매 의도 점포 수익률
김용정(1998)	은행고객	관계 전환비용 공유가치 의사소통 기회주의적 행동	관계의지 신뢰성	관계단절성향 우호적 갈등 불확실성

연구자	연구대상	선행변수	매개변수	결과변수
권준희(1999)	전자제품 고객	의사결정 효율성, 의사결정 일관성, 품질 불일치, 점포 내 정보수집, 지각된 위험	고객만족	관계지향성
백수경(1999)	미용서비스 와 세탁서비스	관계혜택	관계지향성	관계의 질
이주빈(1999)	PC구입 고객	미시적 영향관계, 고객의 거래 성향, 거시적 영향관계	–	관계지향성
Ellen & Johnson (1999)	연극관람 고객	관계의 고저정도	만족 신뢰	태도 미래의 의도
이조우(2000)	할인점 납품업체	거래특유자산, 명성, 기회주의 행동, 커뮤니케이션	신뢰 결속	장기적 관계
김평래(2000)	PC구입 고객	가족의 영향, 준거집단의 영향, 의견 선도자 영향	의사결정과정, 효율화, 정보 처리과정, 단순화, 지각된 위험 회피, 인지 일관성의 추구	관계지향성
서문식, 서용한, 김유경(2001)	다양한 서비스 경험 고객	관계혜택	관계 기간 관계강도	장기적 관계지향성
이준호(2001)	5가지 소매업태	인적친밀성, 고객에 대한 관심, 점포시설, 점포친밀성, 과거경험, 기회주의,	신뢰성 의존성 몰입	장기거래지향성 장기관계지향성

연구자	연구대상	선행변수	매개변수	결과변수
이상철(2001)	스포츠센터 고객	확신 효익, 사회적 효익, 특별대우 효익	관계몰입	구전 의도 관계 지속 의도
차부근, 박대환(2002)	호텔 고객	서비스 질 인식	신뢰성 이미지 고객만족	관계강화 관계 지속 호텔충성도
강세희(2002)	이동통신 멤버십	이용혜택, 공유가치, 편리성, 제휴파트너 질	몰입 신뢰	이용 빈도 이용액 전환 의도
이학식, 임지훈(2003)	백화점 고객	사회 심리적 편익, 경제적 편익	관계몰입	행동 의도 전환 감소 의도 긍정적 구전 의도
Gaby, Wulf & Patrick(2003)	쇼핑몰 방문객	우호적 대접, 개인화 및 보상, 제품범주 관여	소비자 관계지향 관계만족 신뢰	관계의 몰입 구매 행동

선행연구를 종합해보면, 몇몇 연구는 관계마케팅 형성모형을 제시하는 데 초점을 두었지만, 선택한 변수의 설정에는 다소 차이가 있으며 관계마케팅의 핵심개념인 소비자의 관계혜택 지각 차원에 초점을 두고 관계마케팅 결과에 영향을 주는 과정을 자세하게 검증하는 연구가 부족했다고 생각된다. 또한, 관계마케팅의 형성 과정에서 관련변수를 선정한 후 이론적인 모형의 구성에 그친 연구가 많고, 차후에는 이를 실증적이고 경험적인 조사를 통해 이론적 모형을 검증하는 노력이 필요하다고 생각된다.

제2절 패션상품의 관계마케팅

본 절에서는 특히 패션점포에 초점을 두고 관계마케팅에 대해 고찰하고자 한다. 먼저, 현재 패션상품 소비자를 대상으로 패션점포에서 이루어지고 있는 관계마케팅의 사례내용을 간략하게 살펴볼 것이며, 다음으로 패션상품 소비자에 대한 관계마케팅에 관련된 선행연구들을 종합적으로 고찰하여 패션점포의 관계마케팅 형성에 영향을 미칠 수 있는 변인들을 선정하는데 이론적 근거를 제시하였다.

1. 패션상품의 관계마케팅 사례

여기서는 소비자가 패션점포나 기업과 맺는 관계의 사례는 관계 대상에 따라 소비자-제조기업, 소비자-유통업으로 크게 구분해 볼 수 있고, 각 유형에 따라 실제 행해지고 있는 관계마케팅의 내용을 간략하게 정리해보고 관계혜택 차원과 연관시켜보았다.

1) 소비자-제조기업 간의 관계마케팅

패션관련 웹 기사나 인터넷 저널 자료, 패션관련 신문이나 잡지 등을 통해 패션상품 제조기업이 소비자에 대해 실시하고 있는 관계마케팅 사례를 살펴보았더니, 패션상품 제조기업은 소비자에 대해서 직접, 또는 간접적으로 관계마케팅을 실시하고 있었다[표 2-4].

[표 2-4] 소비자-제조기업 관계마케팅 사례

제조기업	관 계 마 케 팅 내 용	관계혜택
FILA KOREA	· 포인트 카드 · 구매 시 5% 적립 · 본사 주최 이벤트 안내 · 구매결과 분석→고객맞춤 제안 · 대리점 자체수준의 관계마케팅 시행. · FILA 홈페이지에 개인화면 제공 · 커뮤니티 형성-사교 및 · 제품개발 아이디어 제안	경제적 정보적 사회적
세정 인디안	· CRM 시스템 도입 · 고객 상담 사례분석 · 적립 형 카드발급 · 고객정보 바탕으로 세분화-상품 및 서비스 차별화	정보적 경제적 특별대우
LG 마에스트로	· CRM 도입 · 개인화된 채널(메일, 휴대전화) 통한 서비스제공 · 포인트 적립→현금유사 상품권 증정	정보적 경제적
신영 와코루	· CRM 프로그램 도입 · 고객 data 바탕으로 고객들의 몸에 맞춘 제작판매 서비스. · 구매액 3% 적립	특별대우 개별적 경제적
해외명품 브랜드 (조르지오 아르마니, 프라다, 펜디 등)	· 2004 가을부터 '오더 메이드'라인 시작, 전용 VIP룸에서 주문. · 비즈니스 슈트, 셔츠, 타이, 코트, 결혼예복, 턱시도 아이템 대상으로 전용 VIP룸에서 원단 샘플 및 디자인 선택가능. · 완성 디자인에 주문자의 이니셜 첨가, 라벨에도 주문자 이름 이니셜 작업 가능.	특별대우 개별적

이태리 라이센스 브랜드인 FILA KOREA의 경우는 대리점을

통한 제품 판매를 하기 때문에, 제조업체 본사와 대리점이 각각 고객에 대해 관계마케팅을 실시하고 있었다(공영 DB online). POS 시스템과 연동을 통해, 대리점에서 별도의 입력 없이 고객의 구입금액과 신상정보가 입력되고, 웹을 통해서 대리점과 본사가 연결되게 하였다. 구매 시 포인트 적립은 물론, 구매결과를 분석하여 구매고객에게 적합한 쇼핑제안을 하고 있었다. 또한 홈페이지를 통해 고객별 개인화된 화면을 제공하면서 패션정보를 제안하고 있으며, 커뮤니티를 형성을 통해 제품개발 아이디어를 수집하고 있다. 매장단위의 자체적인 사은 행사를 기획하고 실시하였으며, 본사 차원에서 사은 행사 및 이벤트를 실시할 경우 고객이 주서비스 매장에서 혜택을 받을 수 있도록 하여 매장단위의 자율적인 마케팅 활동 및 고객관리를 지원하였다. FILA KOREA의 경우 IT 기술을 활용하여 고객과 접근하고 있으며, 개인화된 정보의 제공혜택이나 포인트 적립을 통한 경제적 혜택, 커뮤니티를 통한 사회적 혜택을 제공하고 있다고 볼 수 있다.

남성복과 여성복 중가 브랜드인 세정 인디안의 경우 고객관계 관리 솔루션인 CRM 시스템을 도입하여 고객에 관한 정보를 입력하고, 데이터 분석을 통한 고객세분화를 하였고, 그에 맞추어 상품 및 서비스를 차별화하여 제공하고 있었으므로, 고객은 개인화된 관계혜택을 제공받을 수 있다.

(주)LG패션의 남성복 브랜드인 마에스트로(MAESTRO)도 역시 고객관계 관리 솔루션인 CRM 시스템을 도입하여 차별화된 타깃 마케팅과 one to one 서비스를 실시하는 등 체계적인 고객관리를 통한 관계혜택을 제공하고 있었다. 특히, e-메일이나 휴대전화 같은 개인화된 채널을 통하여 고객에게 맞는 정보적

혜택을 수시로 제공하고 있었다. 또한, 적중률이 높은 고객에 대해서 구매 시 적립한 포인트에 대해 수시로 현금과 유사한 상품권을 지급함으로써 고객들이 경제적 혜택을 직접 지각할 수 있게 하였다(CRM online).

패션 란제리 생산업체인 신영 와코루는 고객관리시스템인 CRM 솔루션시스템을 도입한 후 고객관리를 체계적으로 실시하고 있다. 특히, 사이즈별, 체형별로 부분적인 맞춤 제작, 판매 서비스를 실시하고 있으며, 구매 액의 3%를 적립하는 혜택을 제공하고 있다(Ciokorea.com). 신영 와코루와 마찬가지로 고객에게 맞춤 서비스를 제공하는 사례는 미국의 경우 훨씬 앞서서 시행되고 있는 마케팅 전략으로 대표적인 예는 Land's End, NIKE를 들 수 있다(이승일, 2003). Land's End같은 의류전문 기업들은 높은 수준의 맞춤 상품을 제공하고 있는데, 인터넷을 활용하여 자신에 가장 잘 들어맞는 가상 모델을 설정해두고, 청바지뿐 아니라 셔츠 등에도 개인별로 적합한 주문 제품을 제작, 배송해주는 서비스를 시행하고 있다. NIKE의 경우 신발을 주문에 의해 생산하는데, 고객들은 NIKE ID라는 방식을 통해서 원하는 사이즈 및 색깔, 그리고 문자 등을 지정하여 인터넷을 통해 주문할 수 있게 하였다. 고객만족도를 보다 높이기 위해서 고객별 니즈와 요구사항을 데이터베이스화 해두고 시기별, 아이템별로 고객에게 적절한 상품을 제공하고 있다.

2004년 후반기부터 국내 수입 명품 브랜드에서는 본격적인 SVIP(Special VIP)에 대한 다양한 고객관리 프로그램을 시행하고 있다(VOGUE KOREA, 2004). 조르지오 아르마니, 프라다, 팬디 등은 '오더메이드'라인을 따로 두고 VIP들을 위해서 전용룸을 마련하여 직접 샘플을 보며 디자인, 원단을 고른 후 맞춤 제작 하고, 완성된 후 주문자의 이니셜을 넣어주는 서비스까지 시행한다. 이러한 경우 기업에게 최고의 수익률을 주는 최상급 고객에 대한 집중적이며 차별화된 관계마케팅 전략이라고 할 수 있고, 이렇게 기업에게 실질적인 이익을 주는 소수의 고객에 대한 집중적인 마케팅은 극심한 기업경쟁 상황에서 보다 가속화될 전망이다.

국내 패션업체에서는 아직까지 제조기업 수준에서 관계마케팅을 체계적이면서 적극적으로 실행하고 있는 사례를 많이 찾아보기 어려운 실정이고, 반면에 유통업체 측면에서는 상당한 수준의 관계마케팅 실행내용이 있었다.

2) 소비자-유통업체 간의 관계마케팅

패션관련 유통업체들은 비교적 세분화된 관계마케팅 내용을 실행하고 있는 상황이었고, 상당부문 성과가 확인되고 있어서 패션상품에 대한 관계마케팅의 적용이 실효성이 나타났다(CRM Online, 삼성 디자인 넷). 또한 각각의 관계마케팅 사례내용은 소비자가 지각할 수 있는 관계혜택의 차원으로 나누어 구분 해 볼 수 있었다[표 2-4].

유통업체에서는 구매력 있는 고객은 특별한 대우를 해주고, 기업의 매출확대에 도움이 되지 않는 고객은 관심을 두지 않는 전략이 확산되는 현상을 살펴볼 수 있었다(문화일보, 2003년 5월 14일).

Kotler(1996)는 고정고객이 반복 구매뿐 아니라 호의적인 구전광고를 통해서 새로운 광롤 창출케 하고 기업의 판촉비용을 경감시켜줌으로써 기업 이익을 크게 증가시켜 주며, 또한 기업이 새로운 고객을 끌어들이는데 필요한 비용보다 기존고객을 유지하는 데 들어가는 비용이 다섯 배 이상 저렴하다고 하였다. 따라서 개별적인 거래의 이익 극대화보다는 고객과의 상호호혜적인 관계를 극대화시키는 것이 효율적이라고 할 수 있다. 현상적으로 보더라도 대표적인 패션 백화점의 경우 다양한 방법으로 우수 고객에 대한 혜택을 개발하여 제공하고 있었는데, 전반적으로 고객관기 시스템을 기반으로 불특정 다수를 상대로 하던 '매스(mass) 마케팅'을 줄이는 대신 특정 고객을 타깃으로 하는 '타깃 마케팅'에 주력하는 현상을 살펴 볼 수 있다. 따라서 우수 고객에게는 각종 혜택이 집중되지만, 가끔 들르는 일반 고객은 별다른 혜택을 누릴 수 없다. 예를 들어, 롯데, 신세계, 현대 등 주요 백화점에서 발행하는 할인쿠폰 책자는 대표적인 차별마케팅 전략이라고 할 수 있다. 우편으로 할인 쿠폰책자를 받아볼 수 있는 우수고객들은 바겐세일 기간이 아니더라도 특정품목을 대폭 할인된 가격에 살 수 있다. 우수고객은 일반 사은 행사가 없어도 때때로 사은품을 받으며 각종 이벤트에 특별 초대된다. 반면에, 온라인 쇼핑몰의 경우는 초우량고객의 확보가 수익 창출의 지름길이라는 판단에 따라 기업의 수익성에 별로 도움이 안 되는 고객과는 거래를 끊는 '디마케팅(Demarketing) 전략'까지도 실시하고 있다.

[표 2-5] 소비자-유통업체 관계마케팅 사례

유통업체	관계마케팅 내용	관계혜택
롯데백화점	· 온라인과 오프라인 통합 고객 관리 · 고객의 의견 data base화하여 불만족 사항을 입력과 동시에 해당 팀장에게 연결, 후속조치 이뤄지게 함 · 매장 직원 대상 고객과의 약속 100% 이행의무 부여 · 커뮤니티 마케팅: 20대 고객대상 '쿨플러스' 동호회 결성 14세 이하 자녀를 둔 부모를 위한 Kids 클럽 · 고객가치의 다각적인 분류: 연령별, 직업군에 따른 고객 분류 후 맞춤 서비스 제공 · MVG(Most Valuable Guest): 우수고객 특별관리 제도 도입-점장안내서비스, 무료 음료 제공 서비스→해당 고객 매출 실적 2배 이상 신장됨 · 각 점포의 사은품이나 이벤트에 고객들의 아이디어 채택	사회적 개별적 특별대우
현대백화점	· 백화점, 인터넷 쇼핑몰, 현대TV홈쇼핑, 호텔까지 통합한 전사적 고객관계 시스템 도입 · 아이클럽 제도: 각종문화 행사 참여, 육아, 예절, 교육 등 정보 교류의 장 마련, 참여 후 포인트 제공→아동 부문 17%, 문화부문 27% 매출 증가 · Top Class 프로그램: 구매액과 내점회수 많은 고객 대상으로 구매금액의 1.5%-1.9% 환급.	사회적 경제적
애경백화점	· 고객관리시스템(CRM) 도입: 매출 63%→68% 상승 · 고객세분화(Client VS Customer) 한 후 맞춤형 프로모션 진행(구매 액 상승 프로모션/이탈 방지 프로모션/내점 횟수 상승 프로모션 · 고객등급 별 DM 방법 세분화: VIP 프로모션/ 우수 고객 프로모션/ 휴면고객 프로모션 · 고객등급 별 Tele Marketing 방법 세분화: Happy Call 프로그램/ Again Call 프로그램/ Fresh Call 프로그램	개별화 정보적

유통업체	관계마케팅 내용	관계혜택
갤러리아백화점	· 카드사와의 제휴(갤러리아 카드, 갤러리아 비자, 갤러리아 삼성카드)를 통한 고객정보, 고객의 소리(VOC) 등을 바탕으로 통합된 고객정보 분석 후 고객에 맞춘 채널을 사용한 DM 발송, SMS(문자 메시지), 이메일 마케팅. · 고객초청 패션쇼나 사은 행사 때 고객정보에 따른 선별된 고객만 초청→참여율 평균 80-90% 상회 · 명품관 고객을 의한 'Galleria Prestige Cooking Class' 매년 2회 개최. · 일본인 우수 고객을 위한 일본어 DM 발송→매년 일본 관광객 5-10% 증가. · 명품관의 SVIP(Special Very Important Person) 350여 명 특별관리－개인 기념일 방문 축하 서비스 · VIP 커뮤니티 및 전용 라운지 개설. 1:1 전담 어드바이저 프로그램, 사전상품 예약 프로그램, 핫라인(hot-line) 프로그램, 고객 구매상품 만족도 관리 · 우수회원을 위한 Thank you 프로그램: 개인적 감사카드 DM · 갤러리아 이스트(기존의 명품관)에 4층에 별도의 피팅룸과 화장실이 설치된 퍼스널쇼퍼룸인 PRS 오픈, 국내 최초의 퍼스털 쇼퍼제(Personal Shopper) 도입. 개인 비서 역할을 하는 '버틀러(butler: 집사)'서비스까지 실시.	특별대우 개별화 정보적 심리적
신세계백화점	· 카드 상위 매출 1% 고객에게 고품격 정보지인 'First Lady' 발송→해당고객 월 80억 이상의 매출 증진효과 · 강남점의 경우 20-30대 초점을 둔 관계마케팅 실시 · VIP를 더욱 세분화, 상위 그룹에 대한 특별관리 강화, 별도 라운지 마련 · 단순 문화서비스 지양, 고객별 세분된 VIP 관련행사 진행 · 입점해 있는 각 브랜드 단위의 관계마케팅 시행 · 신세계만의 등급방식으로 3개월마다 고객 등급 설정: 적절한 관계마케팅 방법 제공	특별대우 개별화 정보적

지금까지 패션기업 및 유통업체의 관계마케팅 사례에 대해서 살펴본 결과 다음과 같은 사실을 알 수 있었다. 첫째, 유통업체의 경우 제조기업의 수준보다 더 체계적이고 세분화된 관계마케팅의 적용하고 있었고, 내용에 있어서의 공통적인 가장 큰 특징은 고객 전체를 단일하게 보는 시각이 아니리 고객을 타당성 있는 기준으로 세분화하여 세분된 고객 하나하나에 대해 맞춤형 서비스를 전개하고자 하는 노력이라고 볼 수 있다. 둘째, 고객에게 접근하는 방식은 IT의 발달로 인해 다양한 방법이 적용될 수 있었고, 여기서의 적용원칙 또한 개인 고객에게 가장 적절한 개인화된 채널을 이용하고 있다는 점이다. 셋째, 관계마케팅 실행결과 여러 측면에서 기업의 성과와 바로 연결되는 결과가 확인되었으므로 패션상품에 대한 관계마케팅의 실행은 매우 시급하고 필요성이 있다고 생각할 수 있다. 최근처럼 급변하는 환경에서 기업은 고객중심의 사고와 경영이 필요하며, 따라서 기업의 한정된 역량을 우수 고객에게 집중적으로 투입하여 장기간의 기업 효율을 달성하고자 하는 관계마케팅 개념이 보다 더 확산될 것으로 예측된다.

2. 패션상품의 관계마케팅 연구 동향

패션상품 소비자에 대한 관계마케팅은 패션상품 소비자의 개개인에 대한 관심을 바탕으로 하여 소비자가 장기적으로 머물 수 있는 환경을 설정하여 주고 소비자와의 관계를 통해 교환적 거래에 따른 위험을 최소화시켜주며, 상품 및 서비스의 개별화를 위해 노력함으로써 이를 통해 소비자의 지속적인 만족과 고객신뢰를 구축하여 장기적인 관점에서의 관계지향성을 추구하는 것이 최종 목표가 될 수 있다. [표 2-6]는 패션상품 소비자에 대한 관계마케팅 관련변수들에 대한 선행연구들을 정리한 것이다.

[표 2-6] 패션상품의 관계마케팅 관련변수

연구자	선행변수	매개변수	결과변수
S. E. Beatty, M. Mayer, J. E. Coleman, Kristy, E. Reynolds, & J. Lee(1996)	고객지향 직원의 고객지향성 관계적 동기 고객	신뢰 우정 기능성	*판매원 입장: 강화와 충성도/ 판매원의 좌절감 또는 비용 *고객입장: 판매원 충성도/회사충성도
K. E. Reynolds & S. E. Beatty (1999)	사회적 혜택 기능적 혜택	판매원 충성도 회사 충성도	판매원 구전 회사 구전 구매점유율
안소현, 이경희 (2000)	구매자 특성 대인관계 특성 판매원 특성	만족 신뢰 몰입	장기적 관계지향성 관계종결 충성도
안소현, 이경희 (2001)	의복 또는 서비스에 대한 만족	신뢰 만족 몰입	장기적 관계
이수형, 이재록, 양희진(2001)	상호 솔직함 협력의지, 유사성, 전문성	신뢰 만족	미래 상호작용
김은정, 이선재 (2001)	신뢰적 서비스 고객접촉 커뮤니케이션	만족 신뢰	장기적 관계지향성 재구매 의도 구전효과
김영아(2002)	가시적 보상, 우선적 대우, 상호적 정보교환, 소매점에 대한 긍정적 감정	관계품질	태도적 애호도 행동적 애호도

연구자	선행변수	매개변수	결과변수
조은영, 구양숙 (2002)	판매지향성과 고객 지향성, 판매원 속성, 관계편익	판매원에 대한 만족 점포에 대한 만족	점포충성도 구전활동 정보탐색
Gaby. O., Kristof De W. & Patrick S. (2003)	우호적 대접, 개인화 및 보상, 제품범주 관여	소비자 관계지향 관계만족 /신뢰	관계의 몰입 구매 행동
이지현, 이승희, 임숙자(2003)	정보성, 컨텐츠 쇼핑몰의 반응, 서비스, 안전보호, 경제적 이익, 명성	신뢰 정서적 몰입 계산적 몰입	관계 유지 의도 관계단절의도
신수연, 류인숙 (2003)	서비스품질	고객만족	관계지향성
이승희, 이병화 (2003)	고객관리 상품지식 및 능력 고객서비스	고객신뢰 고객만족	관계지향성
주성래(2003)	관계 효익 지각된 서비스품질	고객만족 신뢰 고객몰입	장기지향성
Kristof .D. W. & Gaby O. (2003)	DM발송 우호적 취급 물질적 보상	신뢰	관계몰입 행동적 충성도
Mercedes M., Marta, P & Ma P. R. (2004)	사회적 혜택 기능적 혜택	전반적 만족	충성도

Reynolds와 Beatty(1999)는 관계마케팅의 전략을 의류소매업 분야에 적용하여 연구하였는데, 관계마케팅을 통한 기업과 고객 간의 장기적인 관계구축이 고객만족도와 충성도를 증가시킬 뿐

아니라 구매율까지 향상시키는 전략적 강점을 갖는 것을 발견하였다. 그들은 특히 판매시점에서 고객과 판매원과의 상호작용이 중시되는 의류업체에서 관계마케팅 전략이 효과적이라고 주장하였다.

안소현, 이경희(2000)는 패션소매업을 대상으로 한 연구에서 관계마케팅 전략은 특히 인터넷 전자상거래와 같은 무점포 소매업과의 경쟁에서 승리할 수 있는 효과적인 마케팅 전략이라고 하였으며, 구매자 특성, 대인관계 특성, 판매원 특성이 만족과 신뢰, 몰입이라는 중간과정을 통해 장기적 관계지향성이나 충성도, 관계의 종결과정에 이르게 될 것이라는 이론적 모형을 가정하여 제시했다. 또한, 브랜드 군에 따른 고객과 숍 매니저 간의 관계 특성에 대한 질적 연구(안소현, 이경희, 2001)에서 디자이너 브랜드와 캐릭터 브랜드 각각의 소비자에 대해 관계에 대한 관점과 추구이점을 조사한 결과 브랜드 군에 따른 소비자의 관계에 대한 추구이점 지각 내용에는 다소 차이가 있는 것으로 나타났다.

김은정, 이선재(2002)는 의류상품이 위험지각과 관여도가 늘은 상품이기 때문에 고객은 의류제품 구매에서 판매원의 영향을 많이 받는다고 보고, 관계마케팅 전략 중 판매원과 고객 간의 관계를 중시해야 한다고 제안하였다. 이승희, 이병화(2003)는 특히 고품질의 서비스를 요하는 고가격 브랜드의 의류 제품일수록 샵마스터에 의한 고객관계관리를 필요로 한다고 주장하였다.

백화점 매장을 이용하는 고객을 중심으로, 고객관계 질을 구성하는 요인으로 신뢰와 만족을 들고, 관계 형성과 유지에 대한 신뢰와 만족의 매개역할에 관해 실증적으로 연구한 이수형 등(2001)은 연구결과에서 접촉강도를 제외한, 상호 솔직함, 협력의

지, 유사성, 전문성 등이 신뢰와 만족에 유의한 영향을 미치며, 신뢰와 만족은 미래 상호작용에 정적인 영향을 준다는 것을 밝혔다.

의류제품 판매원에 대한 고객만족과 판매원 충성도에 대한 연구(조은영, 구양숙, 2002)에서는 판매원의 판매지향성과 고객지향성, 판매원의 속성(전문성과 유사성), 관계혜택(기능적 혜택, 사회적 혜택)이 판매원에 대한 고객만족에 영향을 미치고, 나아가 점포에 대한 고객만족 및 점포충성도나 구전활동, 정보탐색에 영향을 미친다고 밝혔다.

패션상품의 e-CRM에 관한 연구(이지현 외, 2003)에서 관계성과 결과요인은 정보성, 경제적 이익, 서비스, 컨텐츠, 쇼핑몰의 반응, 명성, 안전보호 요인으로 나타났고, 이러한 요인들은 신뢰나 몰입의 과정을 거쳐 관계 유지 의도나 관계단절의도에 영향을 미치는 것으로 나타났다.

패션소매업은 유통업에 속하는 것으로 고객과의 대면접촉을 통한 커뮤니케이션의 교환을 하는 인적판매가 많이 이루어진다. 따라서 점포 내에서 구매시점을 중심으로 판매원을 통한 점포와 고객과의 상호작용이 때때로 상당히 중요하며 고객이 향후 장기적 관계를 가질 것인지 그렇지 않으면 관계를 종결할 것인지에 대한 결정을 하는데 영향을 미칠 수 있다.

이제까지의 선행연구들을 요약해보면, 패션상품의 관계마케팅의 선행변수로서는 기업의 관계적 행동(예: DM 발송, 물질적 보상, 우호적 대우 등), 점포의 서비스품질, 관계혜택, 판매원 특성, 구매자 특성 등이 거론되었지만, 관계를 형성하고 지속시키기 위해서는 관계혜택이 필수적인 선행요소임에도 불구하고(Berry, 1995; Morgan & Hunt, 1995), 지금까지 패션상품의 관계마케팅에 대한 연구에서는 점포의 서비스품질이나 판매원에 초점을 둔 관계마케팅에 대한 연구가 이루어졌고, 소비자의 구매성향이나 소비자가 지각하는 관계혜택에 초점을 두지 않았다. 소비자가 거래성향이 관계의 형성에 영향을 미치지는 않는지, 소비자가 기업의 관계마케팅에 대해 지각하는 혜택이 무엇인지를 밝히는 것, 이러한 관계혜택의 지각에 영향을 미치는 변수를 밝히는 것, 관계혜택이 소비자의 관계지향성을 형성하는 과정 등이 차후 연구에서 필요한 부분이라고 생각된다. 또한, 관계의 형성 과정에서 매개변수로서 만족이나 신뢰, 몰입의 개념은 비교적 타당한 것으로 나타났고, 몰입의 단계를 매개변수로 두는 경우와 결과변수로서 두는 경우가 있었지만, 신뢰가 몰입의 단계에 영향을 미치고 몰입이 장기지향성에 영향을 준다는 생각은 어느 정도 일치를 보였다. 관계마케팅의 결과변수로서는 관계에 대한 장기지향성에 대한 개념이 중요하게 다루어졌고, 그 외에도 충성도나 관계의 단절의도, 정보탐색, 구매점유율 등에 대한 개념이 측정되었다.

제3절 패션소비자의 장기적 관계지향성에 영향을 미치는 요인

　본 절에서는 패션상품의 소비자의 장기적 관계지향성 형성 과정에 영향을 미치는 주요변수들에 대해서 논의하였다. 먼저, 선행연구를 고찰한 결과 패션상품의 장기적 관계지향성 형성 과정

에 중요한 영향을 미칠 것으로 생각되는 변수를 선행변수, 매개
변수, 결과변수의 순으로 고찰하였다. 선행변수에는 관계혜택과
소비자특성에 대해서 관련연구들을 살펴보았다. 매개변수로는
만족과 신뢰, 몰입에 대해서 고찰하였고, 결과변수로서 장기적
관계지향성에 대해 살펴보았다.

1. 선행 변수

1) 관계혜택

관계마케팅에서는 고객화와 적응활동을 통해서 가치를 창출한
다. 관계마케팅에서는 구매자, 판매자, 공급자, 경쟁기업들의 관
계 파트너들 간의 공동생산(coproduction), 공동학습(joint
learning), 공동가치창출(joint value creation)을 행하게 된다
(Wikstrom & Normann, 1994). 그러므로 효율적인 관계마케팅
전략은 제품을 거래하는 단 한번의 교환과정에서 얻을 수 있는 가
치에 비해서 훨씬 더 높은 수준의 가치를 창출해야만 한다. 소비
자는 공급자와의 지속적이면서 안정된 관계를 통해 얻을 수 있는
이러한 가치를 지각해야 한다(Gronroos, 2000).
관계혜택은 기업이 고객과 관계를 형성하고 유지하기 위해 고
객에게 제공하는 핵심서비스의 근본적인 혜택과 더불어 고객에
게 제공하는 모든 종류의 혜택을 포함하고 있다(Gwinner 외,
1998). 관계마케팅이 의미를 갖기 위해서는 결국 고객에게 얼마
나 좋은 혜택을 부여해 주는가에 달려있다고 할 수 있다. 장기

적인 관계가 존재하기 위해서는 기업과 고객 모두가 이득이 있
어야 하며, 양측 모두가 충분한 혜택을 얻게 되었을 때 관계가
지속될 뿐 아니라 관계의 질도 향상될 수 있기 때문에 관계혜택
은 관계의 형성에 필수적인 요소라고 할 수 있다(Berry, 1995,
Sheth & Parvatiyar, 1995).

Berry(1995)는 관계를 통해 기업과 고객이 모두 혜택을 얻어
야 한다고 주장하였는데, 회사와 판매원에게는 판매율의 증가,
긍정적 구전, 저렴한 계약 성사 비용은 물론 충성도나 장기적
관계 유지 같은 중요한 혜택이 있을 수 있다고 하였고, 소비자
입장에서는 기능적인 혜택이나 사회적인 혜택을 얻을 수 있다고
제안하면서, 소매업자가 소비자에게 제공할 수 있는 세 가지 수
준의 관계마케팅 전략을 제시하였다. 첫 번째 수준의 관계마케
팅 전략은 항공사의 마일리지나 구매적립 카드 같은 로열티 프로
그램 카드에 관련된 것이다. 이러한 혜택은 소비자가 경비를 절
약하거나 특별한 사은품을 받거나 부가적인 상품 또는 서비스를
제공받는 내용을 포함한다(Bolton 외, 2000, Price & Arnould,
1999). 두 번째 전략은 개인화와 고객화를 통해서 사회적 관계
를 보다 강화하는데 관련이 있는데, 여기에는 고객의 이름을 기
억한다거나, 메일링 리스트(mailing list)를 통해 규칙적으로 고
객과 의사소통 한다거나, 사회적 이벤트를 제공하는 전략 등이
포함된다. 세 번째 수준의 관계마케팅 전략은 고객에게 높은 비
용의 전환비용을 형성하기 때문에 관계마케팅의 가장 높은 수준
의 형태이다. 관계마케터가 표적 소비자에게 제공하는 혜택이
다른 곳에서는 제공하기 어렵거나 너무 비싸거나 또는 신속하게
제공될 수 없는 가치가 포함된 혜택을 제공하는 전략을 말한다.
이러한 경우 고객은 다른 곳으로 관계를 전환하였을 때 부담감

이나 위험지각을 끼므로 쉽게 관계 전환 의도를 가질 수 없게 된다. 관계마케팅의 최종 목표는 세 번째 수준의 전략을 완성하는 것이라고 생각된다.

이렇게 관계마케팅에서 혜택에 대한 중요성이 있음에도 불구하고, 그동안 기업의 측면에서의 장기적인 관계로부터 나오는 혜택에 대한 연구는 많았지만 고객의 입장에서 장기적인 관계를 유지함으로써 얻을 수 있는 혜택에 대한 연구는 부족하였다 (Mercedes, M. 외, 2004; Barns, 1994; Berry, 1995; Bitner, 1995; Peterson, 1995; Sheth & Parvatiyar 1995).

Bendapudi 등(1997)은 고객과 기업 간 관계 유지과정에 대한 선행요인과 경과요인에 대한 개념적 틀을 탐색적으로 제시하였는데, 선행요인으로서 관계혜택을 사용하였으며, Peterson(1995)은 고객의 관점에서 소비자가 관계마케팅에 참여함으로써 얻는 혜택에 대한 연구에서 경제적 혜택, 쇼핑의 편리성, 서비스상품 구매 시 불확실성 감소, 서비스 제공자와 관계향상 혜택 등이 있음을 지적하였다. 이용기 등(2002)의 연구에서는 호텔 식음료업장을 이용하는 고객들을 대상으로 조사한 결과 고객들은 사회적 혜택, 심리적 혜택, 고객화 혜택을 지각하는 것으로 나타났다. 다음은 여러 관계마케팅 선행연구에서 나타난 혜택을 유사한 차원끼리 모아서 설명하였다.

① 경제적 혜택

관계마케팅을 통해 소비자가 얻을 수 있는 경제적 혜택이란 기존의 서비스 제공자를 지속적으로 이용함으로써 얻게 되는 경제적 절약과 개별화의 두 측면으로 정의할 수 있다(Guiltinan,

1989; Gwinner 외, 1998). 즉, 기업이 제공하는 특별프로그램, 보상, 할인, 시간절약 등이 그 예가 될 수 있다(Gremler 외, 1998).

Peterson(1995)은 관계를 유지하는 소비자의 이유 중에서 금전적 절감을 근본동기로 주장하고, 조직과 지속적인 관계를 가지는 고객은 특별한 가격으로 보상받을 수 있다고 하였다. 그는 소비자가 관계마케팅에 참가함으로써 받았다고 지각하는 혜택이 무엇인지를 조사하기 위해 43명의 소비자를 대상으로 인터뷰를 한 결과 특별한 인지, 쇼핑의 편리성, 서비스제품 구매의 불확실성 감소혜택을 받았다고 하였다. 또한, 서비스 제공자와 관계를 지속함으로써 다른 서비스 제공자를 탐색하는데 소요되는 탐색시간을 절약할 수 있고, 신속한 서비스를 제공받을 수 있으며, 반복적인 의사결정으로 인하여 시간을 절약할 수 있다.

또한, 바쁘고 시간에 쫓기며 쇼핑하기 싫어하는 소비자들이 장기적으로 판매원과의 고객관계를 가짐으로써 여러 가지 방법을 통해 시간을 절약하며 편리하게 쇼핑할 수 있는 점을 들 수 있고, 소비자는 기업과 안정된 관계를 형성함으로써 구매선택과 관련된 문제발생을 감소시키고, 결과적으로 의사결정의 효율성을 증진할 것이라는 것이 연구결과 밝혀졌다(Sheth & Parvatiyar, 1995).

한편, Sheth & Parvatiyar(1995)는 고객이 기업과의 관계를 형성하고자 하는 의지를 가지고 선택상표군(choice set)을 축소함으로써 의사결정의 효율성을 높일 수 있다고 하였고 이러한 점을 경제적 혜택으로 정의하였다.

246명의 쇼핑몰 관광객을 대상으로 인터뷰를 실시한 Gaby 등(2003)의 연구에서 물질적 혜택이 높으면 쇼핑몰과의 관계를 유지할 의향이 큰 것으로 나타났다. 다수의 고객들은 경제적 혜택을 지각하기 때문에 서비스 제공자를 쉽사리 교체하려 하지 않았다.

결국 소비자는 관계를 통한 거래를 함으로써 금전적인 형태와 비금전적인 형태로 고객이 받을 수 있는 경제적 혜택이 고객이 기업과 관계를 형성하는 중요한 동기가 될 수 있다(Sheth and Parvatiyar, 1995).

② 사회적 혜택

관계를 통한 사회적 혜택은 판매원과 고객 모두 관계를 지속함으로써 사회적 욕구를 충족시킬 수 있다는 점을 들 수 있다. 고객들은 특정 서비스제공자와의 발전된 관계를 가진 결과로 사회적 혜택을 제공받는다. 사회적 혜택은 고객과 종업원과의 우정, 배려, 친밀성, 개인적 인지, 사회적 지원 등을 포함한다(Beatty 외, 1996; Gremler 외, 1998; Gwinner 외, 1998). 서비스 관련 산업에서 고객과 서비스제공자는 개인적으로 대면하기 때문에 인적관계와 같은 관계적 측면에 중요하게 다루어졌다(Beatty 외, 1996; Bitner, 1995; Crosby & Stephens, 1987; Suprenant & Solomon, 1987). Jackson(1985)은 구매자의 구매의사결정은 구매자가 판매기업 담당자를 인간적으로 얼마나 좋아하거나 만족해하느냐에 따라 달라질 수 있다고 하였다.

Price 등(1995)은 서비스 제공자들에 대한 고객의 감정을 고찰할 때 일시적인 거래적 교환이 아닌 반복적인 관계적 교환에서만 사회적 혜택이 나타난다고 설명하였고, 사회적 혜택은 판매원과의 친밀한 관계, 판매원과 맺은 좋은 관계, 구매할 때 판매원과 있게 되는 시간을 즐기는 것을 포함하는 것이라고 할 수 있다(Beatty, 1996).

부산 시와 대만시의 대학생들을 대상으로 미용서비스업의 관계혜택에 대한 연구결과(서문식 외, 2000), 사회적 혜택차원이 사회적 혜택(특별한 대우)과 개인적 친분차원으로 분류되어 나타나 사회적 혜택이 관계마케팅을 통해 고객이 얻을 수 있는 혜택이면서 다차원일 가능성이 있음을 나타냈다.

③ 심리적 혜택

관계마케팅을 통해 고객이 얻을 수 있는 심리적 혜택이란 눈에 보이지는 않지만 고객의 정서, 감정, 심리상태 등과 관련된 무형의 혜택을 의미한다. Peterson(1995)은 서비스 이용자들은 제공자와의 발전된 관계를 가지면 편안함 또는 안전함을 종종 느끼게 된다고 하였고, 이러한 점이 심리적 혜택이 될 수 있다고 하였다. 즉, 소비자는 제품 구매 시 불확실성을 감소시키기 위해 관계에 참여한다고 설명하였다.

Bitner(1995)는 서비스제공자가 고객을 알고 고객의 선호를 파악한다면 시간이 지남에 따라 그 고객의 욕구에 알맞은 맞춤 서비스를 제공할 수 있기 때문에 만약 고객이 다른 서비스제공자로 전환한다면 변화에 따르는 시간 관련비용과 더불어 심리적인 비용이 수반될 수 있다고 하였다.

Berry(1995)는 서비스제공자와의 지속적인 관계를 유지함으로써 받는 주요 결과는 위험감소하고 하였고, 이호배, 장주영(2002)의 연구에서도 고객은 관계를 통해 서비스가치로부터 갖는 근본적인 혜택뿐 아니라 안정감과 스트레스 감소 등 생활의 질 향상이라는 혜택을 얻는 것으로 나타났다.

Bitner(1995)와 Groonroos(1994)도 서비스제공자에 대한 신뢰나 서비스제공자의 약속이행은 고객측면에서 관계의 중요한 차원이라고 언급하였다. 그 외에도, Gwinner 등(1998)의 연구에서는 지속적인 거래를 하는 고객을 위하여 많은 서비스제공자들이 고객의 특별한 욕구에 맞는 서비스를 해주는 것으로 나타났는데, 이는 서비스제공에 있어 개별화와 관련이 있는 것이다.

이처럼 관계마케팅에 대한 선행연구들에서 고객이 지각하는 관계혜택은 크게는 사회적 혜택, 심리적 혜택, 경제적 혜택 등으로 나타났고, 보다 세분화시킨다면 고객화 혜택, 특별대우 혜택, 상호적 정보교환 등 여러 가지 혜택을 고객이 얻을 수 있다고 하였다(Beatty 외, 1996; Dwyer 외, 1987; Gwinner 외, 1998; Reynolds & Beatty, 1999).

관계혜택에 대한 차원들을 결정할 때 연구자들의 측정도구나 연구대상, 연구범위에 따라 약간의 차이는 나타났다.

Gremler(1998)는 고객의 관점에서 서비스기업과 관계를 유지하는 것에 대한 혜택이 무엇인지 조사하기 위해, 21명의 고객을 대상으로 심층 인터뷰를 한 결과 관계혜택이 경제적, 사회적, 심리적, 개별화 혜택 등 네 가지로 구분됨을 확인하였다. 다음으로 실증적 연구를 통해 관계혜택 차원의 타당성과 상대적 중요도를 평가한 결과 심리적 요인은 확신혜택으로, 사회적 혜택은 그대로 사회적 혜택으로, 경제적 혜택과 개별화 혜택은 통합되어 특별대우 혜택으로 나타났고, 세 가지 서비스 유형에 따라 확신혜택, 사회적 혜택, 특별대우 혜택이 중요한 것으로 나타났다. 또한, 이 세 가지 관계혜택은 충성도, 긍정적인 구전행동, 관계 지속성, 서비스에 대한 만족과 유의한 상관관계가 있는 것으로 나타났다.

박종무 등(2002)의 연구에서는 고객이 서비스기업과 지속적이고 장기적인 관계를 형성함으로써 받을 수 있는 관계혜택을 확신혜택, 사회적 혜택 및 경제적 혜택으로 분류하였다

관계혜택이 관계의 질에 미치는 영향에 관한 연구(백수경, 1999)에서 서비스 유형을 표준화정도가 높은 서비스(세탁 서비스)와 고객화수준이 높은 서비스(미용 서비스) 두 가지로 구분하여 관계혜택이 관계의 질에 미치는 영향을 조사한 결과, 관계혜택은 경제적 혜택, 사회적 혜택, 심리적 혜택, 기능적 혜택으로 나누어졌고, 네 가지 관계혜택이 서비스유형에 따라 영향을 미치는 정도가 차이가 있었다.

이에 비해, 의류점포의 관계마케팅에 대한 주성래(2003)의 연구에서는 소비자들이 지각하는 관계혜택이 사회적 혜택, 경제적 혜택, 심리적 혜택으로 구분되었다. 관계혜택에 대해 연구자들에 따라서 관계마케팅을 통해 소비자가 지각하는 관계혜택은 3-5가지로 축소될 수 있었다.

관계혜택이 관계마케팅 결과에 미치는 영향에 대해서 살펴브면, Morgan & Hunt(1994)는 실증연구를 통해 관계혜택이 관계마케팅의 궁극적 목적인 장기적 몰입에 직접적인 영향을 미친다는 것을 발견하고, 관계혜택을 기업과 고객 간의 관계발달의 핵심요소로 보았다. 김용정(1998), 백수경(1999)은 서비스산업을 대상으로 한 연구에서 고객에게 제공되는 혜택이 고객과 기업 간의 관계 형성과 유지에 정적인 영향을 미친다는 것을 발견하였다.

조은영과 구양숙(2002)의 의류점포고객에 대한 연구에서 고객이 지각한 관계혜택이 판매원과 점포에 대한 만족에 영향을 미쳤고 결과적으로 점포충성도에 정적인 영향을 미치는 것을 밝혔다.

백수경(1999)의 연구에서는 관계 지향적 소비자는 기능적 혜택과 심리적 혜택이 관계의 질에 영향을 미쳤고, 비관계 지향적 소비자는 경제적 혜택, 심리적 혜택, 기능적 혜택이 관계의 질에 영향을 미치는 것으로 나타나 소비자 내적 특성에 따라 관계의 형성이 다를 수 있음을 시사했다.

Kristof & Gaby(2003)의 패션소매업자의 관계마케팅에 관한 연구에서 DM 발송, 우호적인 대접, 물질적 보상 등이 고객의 관계에 대한 몰입에 영향을 미치는 것으로 나타났다.

그동안 관계혜택에 대한 기존 연구들은 서비스제공자와 고객 간의 장기적 관계 유지에 중요한 요소임을 확인하는데 많은 공헌을 하였지만, 아직도 관계혜택에 대한 실증적, 체계적 연구가 부족한 실정이다. 즉 관계혜택의 역할이나 차원에 대한 명확한 통찰력을 제공하는 데에는 한계가 있음을 말한다. 예를 들면, 관계혜택 차원의 일반화 문제, 대상 산업의 형태에 따른 관계혜택의 유형, 또는 고객 특성에 따라 추구되는 혜택의 차이 등이 문제에 대한 충분한 대답이 되지 못한다는 것이다(서문식 외, 2001). 이 연구에서 관계의 강도에 따라 추구혜택과 관계지향성 간의 관계를 살펴본 결과 관계혜택은 경제적 혜택, 사회적 혜택, 심리적 혜택, 기술적 혜택 등 4가지 혜택으로 나뉘었고, 관계강도에 따라 차이가 있었으며, 장기적 관계지향성에도 영향을 미치는 것이 달라짐을 밝혔다.

따라서 패션상품 소비자에 대해서 관계혜택 지각이 장기적 관계지향성 같은 관계결과에 어떠한 영향을 줄 것인지에 대한 연구가 필요하다.

2) 소비자 특성: 거래 지향적 소비자와 관계 지향적 소비자

고객의 유형을 일반적으로 거래 지향적 소비자(transaction buyer)와 관계 지향적 소비자(relationship buyer)로 구분할 수 있다(최정환, 이유재, 2001). 거래 지향적 구매자는 오직 가격에만 관심이 있는 고객으로서 이들에겐 기업과의 신뢰적이고 장기적인 관계를 기대할 수 없다. 이들은 구재 전 조사를 통해 여러 경쟁업체들의 제품 도록이나 가격을 파악하고 있고 자신의 예상보다 가격이 높으면 바로 다른 곳으로 돌아서며 최저가로 제품을 구매한 것을 자랑스러워하는 고객이다.

관계 지향적 구매자는 가격이 아닌, 무엇보다 신뢰할 수 있는 기업을 선택한다. 믿을 수 있는 제품을 보유한 친근한 기업, 고객을 인정하고 기억하고 여러 혜택을 부여하고 바람직한 관계를 형성할 수 있는 기업을 찾는다. 이들은 신뢰할 수 있는 기업과의 관계를 통해 제품구매에 드는 시간과 감정적 에너지의 낭비를 제거할 수 있다고 믿고 있다. 이들에게 적절한 혜택을 제공할 수 있다면 이들과 기업과의 관계는 영속될 수 있다. 고객과의 장기적 관계를 통한 가치창출을 지향하는 기업에게 기업과의 관계를 형성, 유지할 의사가 없는 거래 지향적 구매자는 좋은 고객일 수 없으며, 수익성 측면에 있어서도 항상 할인 품목만을 구매하므로 기업에게 별다른 수익원이 되지 못한다.

본 연구에서는 이러한 소비자의 관계 지향성 또는 거래 지향성 특성에 따라 패션 상품 소비자의 관계혜택 지각과 장기적 관계지향성 형성과정이 차이가 있는 지 알아보았다.

2. 매개 변수

1) 만족

만족은 '다른 상대방과의 관계 속에서 상대방의 모든 요소에 대한 긍정적인 감정의 상태'이며, 고객이 서비스를 경험하고 그 품질과 성과를 주관적으로 지각한 후 느끼는 감정적인 결과라고 할 수 있다. 따라서 객관적으로 품질 수준은 동일하더라도 고객이 주관적으로 받아들이는 만족정도는 상이할 수 있다.

고객만족은 고객유지의 핵심요인으로 신규고객의 창출보다 고정고객의 유지가 적은 비용을 발생한다는데 그 중요성이 있다. 새로운 고객을 창출하는 비용은 기존의 고객을 유지하는 비용에 비해 약 6배나 많이 소요된다는 연구결과도 나타나고 있다 (Larry & Czepiel, 1984).

Oliver(1999)는 특정 제품이나 서비스 등과 같은 구성요인들에 대한 만족이 기업의 전반적인 만족을 설명하는 구성요인이라고 밝히고 있다. 또한, 관계에 대한 만족은 판매자와 구매자 간의 관계에 있어서 매우 중요한 결과로 여겨진다(Smith & Barclay, 1997). Anderson & Narus(1990)는 관계만족이란 소비자가 소매점 간의 관계에서 느끼고 있는 종합적인 평가로부터 형성된 소비자의 감정상태라고 하였으며, 조직 간의 교환 모형에서 만족이 상대방과의 파트너십 관계를 형성하는 과정에서 핵심적인 요소로 작용함을 밝혔는데, 이는 만족이 인지된 효과성에 대한 상당한 대리효과를 나타낼 뿐 아니라 만족을 통해서 상대방의 미래행동에 대해 보다 잘 예측할 수 있기 때문이라고 하였으며, 더 나아가 만족은 관계의 장기화를 이끌어 낼 수 있다고 보았다.

한편, 유통경로 연구에서는 경로 구성원의 만족이 경로 구성원 간의 사기와 협력을 증진시키고, 관계의 종결을 줄이고, 법적 문제를 감소시키는 데 역할을 한다는 것을 확인한 바 있다(Ganesan, 1994). 또한, 고객만족과 거래 성향이 관계지향성에 미치는 영향에 관한 연구(권준희, 1999)에서 고객만족은 관계지향성에 유의한 영향을 미치는 것으로 나타났다.

고객만족은 고객이 원하는 품질, 기대수준, 선호를 파악하고 이를 충족시켜주기 위한 프로그램을 재설계하고 실시함으로써 달성될 수 있다. 고객만족은 마케팅 효과에 대한 핵심개념으로 긍정적인 구전효과, 명성증가, 현찰판매 증가, 마진증가를 통해 고객애호도와 시장점유율의 증가를 가져다 줄 수 있다. 과거의 거래 성과에 대한 만족은 긍정적인 감정상태를 반영하여 미차의 상호작용을 기대하도록 하므로 소매업과 고객과의 관계를 유지시키는데 핵심적인 선행요인이 된다(Ganesan, 1994). 고객의 만족도는 상품에 대한 과거, 현재, 미래성과에 대한 총체적인 지표로서 장기간 근무한 판매원이 고객을 잘 만족시키는 경향이 있어서 판매원에 대한 고객만족은 기업에 대한 만족으로 이어진다(Reynolds & Beatty, 1999).

Reynolds & Beatty(1999)는 의류 액세서리 판매원과 이들의 고객 사이에서 발생하는 관계혜택을 조사한 결과 관계혜택은 만족뿐 아니라 애호도, 구전, 구매비율에 영향을 미친다는 것을 밝혀냈다. 이 연구에서 관계혜택은 기능적 혜택과 사회적 혜택으로 구분하였고, 고객들이 사회적 혜택과 기능적 혜택을 높게 지각할수록 고객들은 판매원에게 더욱 만족하며, 특히 사회적 혜택에 대한 만족이 높아질수록 관계혜택이 애호도에 긍정적 영향을 미치는 것을 밝혀냈다. 또한, 판매원에 대한 만족은 판매원에 대한 긍정적 구전에 영향을 미쳤고, 결과적으로 기업에 대한 만족이나 기업에 대한 긍정적 구전에도 영향을 미치는 것으로 나타났다.

패션점포에 대한 전반적인 고객만족은 반복 구매 의도 간에 긍정적인 관계가 있는 것으로 나타났고(김지연, 이은영, 2004), 서로 간의 상호작용에 의한 거래 성과로 나타나며 이 성과는 관계지향성으로 발전할 가능성이 있다. 남성 캐주얼웨어 점포의 관계마케팅에 관한 신수연, 류인숙의 연구(2003)에서 서비스품질은 고객만족도에 영향을 미쳤으며, 고객만족도는 관계지향성에 유의한 긍정적 영향을 미치는 결과가 나왔다. 즉 고객만족도가 증가할수록 고객과의 관계지향성의 정도가 양적으로 상관성을 가지면서 증가한다는 것을 알 수 있고, 이러한 결과는 박지훈(2002)의 서비스품질과 고객만족이 소비자들의 관계지향성에 긍정적인 영향을 준다는 연구 결과와도 일치한다. 이러한 선행 연구 결과들은 패션상품 소비자에 대한 관계마케팅 결과 소비자의 만족이 장기적 관계지향성의 매개변수가 될 수 있음을 확인시켜 주었다.

2) 신뢰

관계마케팅에서 신뢰는 성공적인 관계를 위한 본질적인 요인이라는 것이 일반적인 견해이다(Berry, 1995; Dwyer, Schurr & Oh, 1987; Morgan & Hunt, 1994). 신뢰에 관한 연구들에서 신뢰란 상대방이 일관성 있고, 유능하며, 정직하고 공정하며, 책임 있고, 도와주고, 자비롭다는 특성과 관련된 믿을만하고 성실하다는 믿음으로부터 생겨난다고 주장된다(Dwyer & Lagace, 1986). Schurr(1985)는 신뢰가 '상대방의 말이 믿을만하고 교환관계에서 상대방이 의무를 다 할 것이라는 믿음'이라고 정의하고 있다.

신뢰는 고객과의 장기관계를 개발, 유지하는데 중요한 요소가 된다. Czepiel(1990)은 특히 사회심리학 분야나 마케팅의 분야에서는 쌍방의 신뢰가 매우 중요하다고 하였으며, Swan 등(1985)은 마케팅에서의 신뢰가 특히 장기적인 관계를 유지하는데 매우 중요한 역할을 한다고 하였다.

역사적으로 볼 때 신뢰는 사회교환 연구에서 널리 연구되어왔다. 서비스마케팅에서 Berry & Parasuraman(1991)은 고객-기업 관계는 반드시 신뢰를 필요로 한다는 것을 발견하였다. 이 연구에서 고객에 대한 회사의 관계는 반드시 신뢰가 전제 되어야 된다고 주장했고, 구매자-판매자 협상과정에서 신뢰가 협력적 문제해결과 건설적인 대화를 달성하는 과정에 있어 서 핵심적인 부분이라는 것을 발견하였다(Schurr & Ozanne, 1985). Doney & Canon(1997)은 구매자와 판매자와의 관계에서 신뢰를 지각된 진실성과 자비 성으로 정의하였다. Remple 등(1985)은 신뢰가 예측 가능하며, 의존 가능하고, 상대방이 미래의 불확실한 변화에도 불구하고 지속적으로 행동할 것이라는 신념에 근거한다고 보았다.

Morgan & Hunt(1994)의 연구에서 신뢰성은 교환관계에 있는 상대방에 대한 믿음과 정직함을 지각하는 것이라고 정의도고 있다. 그러므로 연구자는 성공적인 관계마케팅에서의 가장 중요한 요소 중 하나가 신뢰를 형성하는 것이 될 수 있다고 하였고, 신뢰에 영향을 정적인 미치는 변수는 공유가치와 커뮤니케이 션

이었고, 부적 영향을 미치는 변수는 기회주의적 행동이라고 하였다.

신뢰는 관계 기간보다는 특정한 관계 내에서의 실제적인 행동과 관련되어 형성되며(Ganesan, 1994), 예를 들어 매장 내에서의 판매원의 청취행위도 신뢰를 구축하는 요인이 된다(Ramsey & Sohi, 1997). 관계에 대해 신뢰할수록 고객은 그 관계를 가치 있는 것으로 여겨 불확실성이 존재하는 새로운 거래 상대자를 찾기보다는 그 관계 속에 머물기를 원했고(Macintosh 외, 1992), 상호신뢰에 의해서 형성된 관계는 공유된 가치의 정도가 아주 높기 때문에 관계 형성을 지속하려는 몰입의 정도가 높아지게 된다. 따라서 신뢰는 관계몰입에 정적인 영향을 준다고 볼 수 있으며(Morgan & Hunt, 1994), 신뢰가 높을수록 관계를 맺고 있는 당사자 간의 관계몰입의 정도는 높아지게 된다. 즉, 신뢰가 형성된다면, 합리성이 결여된 상황에서도 상대방이 자신에게 주어진 의무를 다할 것이라는 믿음과 향후 상대방의 행동을 미루어 짐작할 수 있기 때문에 기회주의적 행동에 대한 탐색 대신에 서비스 제공자와 서비스 수혜자 간의 장기 지향적인 관계를 형성할 수 있게 된다.

Doney & Cannon(1997)은 산업구매업자와 공급업자 환경에서 이들 간의 신뢰 형성에 대한 모델검증 결과, 신뢰 형성의 선행요인을 밝혔는데, 먼저 구매기업의 공급기업에 대한 신뢰의 선행요인으로는 공급업자 규모, 공급자의 고객화 의지임을 밝혀냈고, 구매기업 판매원의 신뢰 형성 요인은 판매원의 전문성, 호감성, 유사성, 사업 접촉빈도임을 밝혀냈다. 또한, 신뢰가 미래 상호작용 예측의 중요한 역할을 한다는 것을 밝혀냈다.

Johnson & Grayson(1998)은 서비스기업에 대한 소비자 신

뢰의 내, 외적 원천을 조사한 결과 신뢰적 원천은 서비스 소비 상황에서 소비자들에게 다른 영향을 미치는 것을 밝혀냈다.

이러한 결과들은 고객이 판매원과의 장기적인 관계를 갖는데 판매원에 대한 신뢰가 선행되어야 한다는 점을 시사한다. 이러한 신뢰의 중요성에도 불구하고, 학문적으로 신뢰에 대한 연구는 활발히 이루어지지 않고 있으며, 특히 관계마케팅에 있어서 신뢰에 영향을 미치는 여러 가지 요소들에 대한 연구는 부족했으므로(이수형 외, 2001), 신뢰와 장기적 관계지향성과의 관련성에 대한 연구가 필요하다.

3) 몰입

여러 선행연구에서 관계몰입은 신뢰와 더불어 장기간의 관계를 유지하는 핵심변수라는 것이 밝혀졌다(Dwyer 등, 1987; Morgan & Hunt, 1994). 관계몰입은 일반적으로 자주 변하지 않으며, 나아가 자신들이 가치가 없다고 생각하는 행동에는 참여하지 않는 특성을 지니고(Mooorman 등, 1992), 관계몰입이란 파트너는 관계가 영원히 지속되는 것이 가치가 있다고 믿는 것이다.

기존의 선행연구들에서 고객만족이 반복 구매를 발생시키는 가장 중요한 요인으로 평가하고 있으나 고객이 만족했더라도 반드시 반복 구매하는 것은 아니며(Anderson & Sullivan, 1993; Jones & Sasser, 1995), 이런 이유로 인해 고객만족도는 높으나 기업의 이익이 증가하지 않는 현상이 일어난다고 하였고, 헬스클럽이 제공하는 관계혜택이 관계몰입과 고객충성도에 미치는 영향에 대해서 연구한 박종무 등(2002)은 관계몰입의 개념을 관계혜택 및 고객충성도와 연관시켰다.

Berry & Parasuraman(1991)은 관계는 상호몰입을 기반으로 구축된다고 설명하면서 소비자가 특정 브랜드에 충성고객이 되는 과정을 몰입을 매개변수로 하여 설명하였다.

몰입과는 달리 고객만족은 고객의 욕구를 충족시켰다는 것에 중점을 둔다. 만족한 고객의 경우 그들의 욕구만 충족되면 기분이 좋다는 것을 느끼지만 기업으로부터는 심리적으로 아주 독립되어 있다. 즉 현재 만족하였다고 하더라도 더 큰 만족을 주는 제품이나 서비스가 존재하면 언제라도 선택을 바꿀 여지는 있다는 것이다. 그러나 몰입한 고객의 경우에는 기업과의 협력관계를 발전시키며 기업의 이익을 위해 노력하고, 기업의 가치와 자원을 공유함으로써 기업과 상호의존적인 관계를 형성하면서 그 조직의 구성원으로 존속하기를 바란다(Morgan & Hunt, 1994; Gundlach 등, 1995).

또한, 몰입이란 조직 간의 거래관계에서 단기간에 형성되는 것이 아니라 주요결정요인들에 의해 비교적 장기적으로 형성된다(한상린, 1998). Hallen & Sandstrom(1989)는 몰입의 정도가 낮은 조직은 그 관계에 대한 결속력이 약해 쉽게 거래 관계가 끝날 가능성이 크다고 주장하였다.

소비자 관계마케팅 측면에서 몰입은 태도적인 측면과 행위적인 측면으로 구분할 수 있다(Cook & Emerson, 1978). 태도적 측면은 흔히 감정 몰입 혹은 심리적 애착심으로 나타나는 반면(O'Reilly & Chatman, 1986), 행위적 측면은 동기, 충성심, 관여도, 행위적 의도와 같은 행동적 특성을 내포하고 있다(Gunglach 외, 1995).

관계마케팅의 주요 성공요인에 대하여 연구한 Morgan & Hunt(1994)는 관계마케팅의 성공, 실패의 결과에 가장 큰 영향을 미치는 요인으로 권력이나 상대방을 통제하는 능력이 아닌, 관계에 대한 몰입과 상대방에 대한 신뢰라고 주장하였다. 이 연구에서 관계는 교환 파트너 사이에 형성된 공통된 가치관, 유용한 정보를 적시에 공식적, 비공식적으로 공유하는 커뮤니케이션, 자기 자신의 이익만을 추구하는 기회주의적 행동을 신뢰 형성의 요인으로 채택하였다.

이상과 같은 선행연구에서 몰입은 신뢰와 더불어 관계마케팅의 결과에 영향을 주는 중요한 매개 변수인 것으로 나타났다.

4) 상호작용 특성

Crosby 등 (1990)은 접촉빈도란 판매자가 소비자와 개인적 혹은 사업적 목적으로 대화를 하는 정도라고 규정하고 있으며, Williamson(1985)은 접촉빈도를 판매원이 고객과의 대화경로를 개설하고 관계를 유지하려고 노력하는 정도라고 규정했다. Crosby 등(1990)은 생명보험을 대상으로 보험 모집원과 고객에 관한 연구에서 관계적 판매행위(접촉의 강도, 숨김없이 털어놓는 이야기, 협력적 판매)를 조사한 결과, 긍정적으로 관계의 신뢰도와 만족감에 영향을 미치는 것을 밝혀냈다. 또한 승용차 소비자를 대상으로 한 대고객 관계마케팅의 영향요인에 관한 연구(조기영, 1996)에서 고객과 판매원의 상호행동 특성(대화의 깊이, 접촉빈도, 규범 등)은 신뢰와 만족에 많은 영향을 미치는 것으로 나타났으며 상호관계의 정도나 상황특성이 종합관계지속성에 영향을 미치는 것으로 나타났다.

더 빈번하게 상호작용 할수록 정보의 양은 많아지므로, 상대방에 대한 불확실성이나 모호함을 감소시킨다(Daft, R. L. &

Lengel, R. H., 1986). 선행연구에서도 상호작용 빈도와 관계품질의 관련성에 대한 증거가 마케팅 문헌(Anderson E. & Weitz, B., 1989; Anderson, J. C. & Narus, J. A., 1990)뿐 아니라 집단행동에 대한 문헌에서도 밝혀졌다(Scheer, L. J. & Stern, L. W., 1992).

자기노출은 대인관계에서 자신에 관한 개인적인 정보를 노출시키려는 의도로 쌍방관계에서 필수적인 개념일 뿐 아니라 관계발전 정도를 판단할 수 있는 기준이 된다. 관계형성 초기 단계에서는 일반적인 사실들에 대한 정보만을 노출시키지만 관계가 발전되면서 자신의 감정이나 의견 등을 제시하게 된다(Morton, T. L., 1978). 거래 당사자들의 상호작용 상황에서 이루어지는 상호노출은 당사자들의 신뢰구축에 중요한 역할을 하는데, 특히 구매자가 상호작용상황이 상호 협력적이고, 편안하며, 호혜적인 정보교환이 이루어진다고 지각할 경우 고객은 서비스 제공자에 대해 긍정적인 평가를 하게 될 것이고 이는 서비스 제공자에 대한 만족과 신뢰형성에 긍정적인 영향을 미친다(Crosby, L. A. 외, 1990). 자기노출, 선물 등은 우정과 관련되는 상징적인 행동으로 친밀함을 보이는 것 같은 감정적인 것이 때로는 제품의 구매나 서비스의 구매를 촉진한다(Price, L.L., 1999).

상호 개방적 요인은 종업원과 고객이 그들의 생각이나 느낌을 서로에게 자유롭게 말하는 것으로 인간의 상호행위라고 하여 쌍방간의 역동적 작용이 중시된다(Evans, 1963).

서문식 등(2001)은 관계기간에 따른 고객의 추구혜택과 관계지향성간의 관계에 대한 연구에서 관계기간이 2년 미만인 경우 사회적 혜택을 제외한 기술적 혜택, 경제적 혜택, 심리적 혜택이 장기적 관계지향성에 유의한 영향을 미치는 것을 밝혀냈고, 관계기간이 2년 이상인 경우 경제적 혜택을 제외한 사회적 혜택, 기술적 혜택, 심리적 혜택이 장기적 관계지향성에 유의한 영향을 미치는 것을 밝혀냈다.

한편, 관계단절비용이란 거래하고 있는 거래처를 바꾸는 데 따른 전환비용을 말한다. 이 전환비용은 구매자가 높은 전환비용을 가질 때 좋은 관계유지에 영향을 미치는 것으로 나타났다 (Dwyer 외, 1987). 금융기관의 관계마케팅에 관한 김용정 (1998)의 연구에서 관계단절비용과 관계의지 사이에는 긍정적인 관계가 있는 것으로 나타났다. 즉, 관계단절비용이 높을수록 관계를 유지하려는 의지가 높다는 특성이 발견되었다.

3. 결과 변수

1) 장기적 관계지향성

관계마케팅을 통해 기업이 추구하고자 하는 최상의 목표는 결국 고객을 오래오래 붙들어 두는 것, 즉 고객의 장기적 관계지향성을 높이는 것이라고 할 수 있다. 최근의 마케팅 관점은 판매자와 구매자 관계를 일회적이 아닌 반복적이고 장기적인 관계를 형성하는 데 있다. 따라서 기업은 고객을 독립된 파트너로 인정하고 그들의 요구에 미리 그리고 최선을 다해 응대함으로써 관계가 강화되고 이러한 강한 관계는 결과적으로 주변의 상황변화에 영향을 받지 않고 지속적으로 일정 수준 이상의 수익률을 가져다 줄 것이다.

관계지향성의 기초 원리에 대해 살펴보면, Keller & Thibaut (1978)는 장기간에 걸쳐 상호의존적인 공동 활동의 결과가 구매자에게 이득이 된다고 지각되어지는 것을 장기지향성이라 하였다. 이는 단기적 거래를 지향하는 구매자는 단지 현재의 선택과 결과에만 관심을 가지지만, 장기 지향성을 추구하는 구매자는 미래 목표를 달성하는데 초점을 맞추며 현재는 물론 미래의 결과에도 관심을 갖는 것을 의미한다. Webster(1992)는 반복적 거래는 관계지향성의 기초를 제공하는 하나의 요소이며, 고객과 기업 간 관계를 통해서 고객이 기업의 의사결정과정에 적극적으로 영향을 미치게 됨으로써 보다 크고 가치 있게 발전될 것이라고 지적하였다.

차부근(2000)은 반복 구매의 개념을 장기지향성과 같은 의미로 보았다. 그는 특히 반복 구매는 과거 경제적 효율성에 대한 평가, 거래의 공정성 및 만족함에 따라 결정될 수 있다고 하였다. Czepiel & Gilmore(1987)는 장기지향성을 구축할 수 있는 영향요인에 관한 연구에서 과거경험에 기반을 두고 교환관계를 지속하려는 특정한 태도로 보았다.

이처럼 특정 기업 혹은 점포에 대한 고객의 장기지향성은 단순히 반복 구매행위의 차원을 넘는 개념이라 할 수 있다. Ganesan (1994)은 고객과 기업 간의 관계지향성을 설명하는데 있어 관계를 맺어온 기간보다는 기존 거래에서 얼마나 관계적이었는지가 더 좋은 지표가 된다고 하였다. 한편 Dawyer 등(1987)은 시간이 경과하게 됨에 따라 쌍방이 서로 관계에 대한 몰입이 높아지는 것이 보다 나은 관계지향성을 가져온다고 하였다.

정기영(1990)은 승용차 시장에서 대고객 관계마케팅의 영향요인에 관한 연구에서 종합관계 지속성을 구성하는 개념으로 제품 관계 지속성과 판매원 관계 지속성을 함께 측정하기도 하였다.

패션상품의 e-CRM에 관한 이지현 등(2003)의 연구에서 고객 관계관리의 종속변수로서 관계 유지 의도와 관계단절의도를 측정하였으며, 관계 유지 의도를 측정하기 위해서는 장기적 관계 지속 의도, 구매 의도, 지속적 혜택에 대한 믿음, 정보의 공유의지 등을 측정하였다.

안소현, 이경희(2001)의 패션 브랜드 군에 따른 고객과 숍 매니저 간의 관계 특성 연구에서 디자이너 브랜드와 캐쥬얼 브랜드 각 4곳의 고객 9명과 숍 매니저 8명에 대한 면접을 실시한 결과 브랜드의 특성에 따라 장기적 관계를 형성하는 과정에 있어 차이가 나타났다. 디자이너 브랜드의 경우 의복과 서비스에 대한 만족이 신뢰에 영향을 미쳤고, 신뢰는 만족과 신뢰를 거쳐 몰입에 영향을 미쳤으며, 몰입은 장기적 관계에 영향을 미쳤다. 캐릭터 브랜드의 경우 의복과 서비스에 대한 만족은 장기적 관계에 직접적인 영향을 미쳤다.

백화점 이용자를 대상으로 고객관계관리가 고객의 행동 의도에 미치는 영향을 조사한 이학식, 임지훈의 연구(2003)에서는 기업의 관계적 노력에 대한 결과적인 고객의 행동 의도를 전환 감소 의도와 긍정적 구전 의도로 측정하였다.

전환 감소 의도는 관계마케팅 결과로써 나타나는 고객의 행동 의도에 있어서 중요한 변수이다. 다른 기업으로 전환하지 않고, 한 기업과 지속적인 관계를 유지하는 고객은 기업에게 안정적인 수입원이 되며, 기업의 장기적인 수요예측을 가능하게 한다. 또한 이들과의 관계를 유지하는데 소요되는 비용은 새로운 신규고객을 창출하는데 드는 비용보다 훨씬 적다고 알려져 있다(Zeithaml & Bitner, 1996).

또한, 관계마케팅의 결과로써 긍정적 구전(word-of-mouth)의 증가와 부정적 구전의 감소/방지 행동 의도도 포함한다. 구전은 주위사람들과의 커뮤니케이션을 통해 전파되기 때문에 그 파급효과가 더욱 크다고 할 수 있다. 구전 커뮤니케이션은 긍정보다 부정적인 쪽으로 편향되기 쉬운데, 부정적 구전이 긍정적 구전보다 의사결정과정에 보다 큰 효과를 미치는 것으로 나타났다. 부정적 구전은 기업의 매출액의 감소는 물론 부정적 구전을 처리하기 위한 추가적인 비용지출을 초래하게 된다. 이런 점에서 볼 때 기업은 고객의 부정적 구전을 사전에 예방해야 할 것이다.

이와 같이 선행연구들을 종합해볼 때, 장기지향성은 관계의 지속성과 상호의존 정도를 포함하는 개념으로, 태도 및 행동적 의도가 혼합된 개념이라고 볼 수 있고, 장기적 관계지향성을 측정하기 위해서는 반복 구매 행동 의도나 구전 의도뿐 아니라 관계 지속 의도 등을 포함할 필요가 있다.

지금까지 관계마케팅에 관한 연구문헌들의 결과를 종합해보면, 패션상품 소비자에 대한 관계혜택의 지각정도가 구매 후 만족도에 영향을 미칠 것이고, 신뢰와 몰입의 단계를 거쳐 관계에 대한 장기지향성에 영향을 미치는 관계마케팅 과정을 나타내었다. 한편, 전환비용이나 위험지각, 상호작용 특성과 같은 상황 특성이 관계마케팅의 과정중간에 영향을 미치는 것으로 나타났다. [그림 2-2]는 패션상품 관계마케팅 선행 연구결과들을 고찰한 결과 패션상품 관계마케팅에 영향을 줄 것으로 생각되는 변수들 간의 관계를 나타낸 것이다.

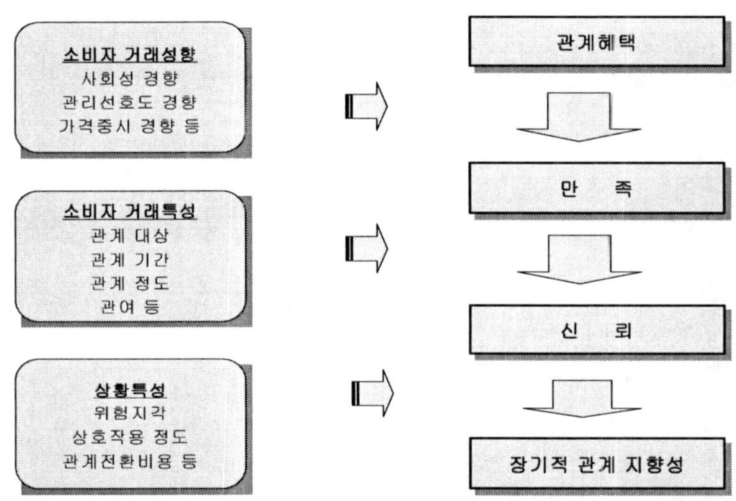

[그림 2-2] 장기적 관계지향성에 영향을 주는 변수

　　따라서 본 연구에서는 위 그림과 같은 기본적인 변수들의 인과관계의 방향성을 유지하되 좀 더 심층적인 패션상품 소비자의 관계마케팅 과정에 대한 연구를 위해 선행연구에서 고찰한 후 추출된 변수들의 인과관계에 따라 연구모형을 설정하였으며, 실증적으로 검증을 통해 모형의 적합성을 평가하고, 나아가 소비자 특성 변수에 따라 장기적 관계 형성모형이 유의미한 차이가 있는 지 밝히고자 하였다.

제3장 실증적 연구

　본 장에서는 이론적 연구결과 제시된 소비자의 관계혜택 지각이 장기적 관계지향성에 이르는 과정을 밝혀내기 위해 연구가설을 설정하고, 이에 따른 연구모형을 구성해 볼 것이며, 이를 실증적으로 검증할 연구가설 및 연구 방법을 설명하였다.

제1절 연구문제 및 연구모형의 설정

1. 연구문제의 설정

　실증적 연구문제는 크게 세 가지 부분으로 나누어질 수 있다. 패션상품 관계마케팅이 효과적으로 실행되기 위해서는 패션상품 소비자의 관계혜택 지각에 대한 연구가 선행되어야 하므로 먼저 패션상품 소비자의 관계혜택 지각 내용을 밝히고자 하였고, 두 번째는 관계혜택 지각이 결과적으로 장기적 관계지향성에 영향을 주는 과정에 대해 밝히고자 하였다. 여기에서는 변수들 간의 관계에 대한 과정 각각의 경로에 대한 가설을 세우고, 이를 검증하였다. 세 번째는 소비자 특성에 따라서 관계혜택 지각이 관계지향성을 형성하는 과정에 있어 차이가 있는 지 밝혀내고자 하였다. 이러한 목표에 따른 구체적인 연구문제는 다음과 같다.

84

1) 관계혜택 지각차원

관계혜택은 관계를 맺고 있는 상대방과의 관계를 유지하는데 따른 이익을 의미한다. 소비자들은 패션기업이나 브랜드와 고객관계를 가지면서 여러 가지 다양한 혜택에 대한 지각을 하는 것으로 나타났다. 조은영, 구양숙(2002)의 연구에서는 관계에 대한 혜택이 판매원에 대한 만족과 점포에 대한 만족에 긍정적인 영향을 미치는 것으로 나타났다. 주성래(2003)의 의류점포와 고객 간의 장기적 관계발달 과정에 대한 연구에서 관계혜택이 고객만족에 유의한 영향을 미쳤다. 또한, Mercedes 등(2004)의 패션소매업의 관계혜택에 대한 연구에서 사회적 혜택과 기능적 혜택은 전반적 소비자 만족에 정적인 영향을 미치는 것으로 나타났다. 따라서 관계혜택 지각은 장기적 관계지향성에 중요한 영향을 미치는 변수가 되므로 이를 밝혀내는 일을 첫 번째 연구문제로 설정하였다.

연구문제 1. 패션상품 소비자의 관계혜택 지각 내용을 밝힌다.

2) 관계혜택이 장기적 관계지향성에 이르는 과정

관계혜택 지각은 만족, 신뢰, 몰입의 과정을 거쳐 장기적 관계지향성을 형성하는 것으로 예상된다. 따라서 다음과 같은 연구문제를 설정하고, 장기적 관계지향성 형성 과정 모형의 설정 및 검증을 위해 세부적인 가설을 설정하였다.

연구문제 2. 관계혜택 지각이 장기적 관계지향성을 형성하는 과정을 밝힌다.

가설 1. 정보적 혜택은 거래만족에 긍정적 영향을 미칠 것
　　　　이다.

가설 2. 정보적 혜택은 서비스만족에 긍정적 영향을 미칠
　　　　것이다.

가설 3. 정보적 혜택은 신뢰에 긍정적 영향을 미칠 것이다.

가설 4. 심리적 혜택은 거래만족에 긍정적 영향을 미칠 것이다.

가설 5. 심리적 혜택은 서비스만족에 긍정적 영향을 미칠
　　　　것이다.

가설 6. 심리적 혜택은 신뢰에 긍정적 영향을 미칠 것이다.

가설 7. 특별대우 혜택은 거래만족에 긍정적 영향을 미칠
　　　　것이다.

가설 8. 특별대우 혜택은 서비스만족에 긍정적 영향을 미
　　　　칠 것이다.

가설 9. 특별대우 혜택은 신뢰에 긍정적 영향을 미칠 것이다.

가설 10. 경제적 혜택은 거래만족에 긍정적 영향을 미칠
　　　　것이다.

가설 11. 경제적 혜택은 서비스만족에 긍정적 영향을 미칠
　　　　것이다.

가설 12. 경제적 혜택은 신뢰에 긍정적 영향을 미칠 것이다.

　　패션점포와 고객 간의 관계발달 과정에 대한 주성래(2002)의
연구에서 고객만족은 신뢰에 직접적인 영향을 미치지는 않았지
만, 접촉강도라는 매개변수를 통해 간접적으로 영향을 미치는
것으로 나타났다. 고객 관계에서 만족, 신뢰와 몰입에 대한 연구
(Gabarino & Johnson, 1999)에서는 고객의 관계 정도에 따라

관계에 대한 미래 의도가 다르게 나타났는데, 낮은 관계 정도를 가진 고객은 전반적인 만족이 미래 의도에 긍정적인 영향을 미쳤지만, 관계의 정도가 높은 고객의 경우는 신뢰나 몰입이 미래 의도에 영향을 미치는 것으로 나타났다.

Gaby 등(2003)의 연구에서도 관계에 대한 만족도는 신뢰에 긍정적인 영향을 미치는 것으로 나타났고, Morgan & Hunt(1994)의 연구에서는 관계 형성의 핵심요인인 신뢰가 몰입에 정적인 영향을 미친다고 하였다.

판매원과 고객 간의 장기적 관계발전에 관한 질적 연구를 시도한 안소현, 이경희(2000)의 연구에서도 관계의 형성 과정에서 영향을 주는 매개변수로는 만족, 신뢰, 몰입인 것으로 나타났다. 따라서 다음과 같은 가설이 설정되었다.

가설 13. 거래만족은 신뢰에 긍정적인 영향을 미칠 것이다.
가설 14. 서비스만족은 신뢰에 긍정적인 영향을 미칠 것이다.
가설 15. 신뢰는 몰입에 긍정적인 영향을 미칠 것이다.

또한, 의류점포의 고객과 숍 매니저의 관계에 대한 질적 연구를 시도한 안소현(2001)의 연구에서 8명의 샵마스터(shop master)[4]와 인터뷰한 결과 고객과 판매원과의 관계 형성에 영향을 줄 것으로 예상되는 변수는 대인관계 상황 특성이었으며, 구체적인 내용으로는 관계 전환비용 및 상호 노출 정도, 고객과 판매원 유사성 등이 포함되어 있었다.

가설 16. 상황 특성은 몰입에 긍정적 영향을 미칠 것이다.

─────────────────────

[4] 샵마스터(shop master): 점포의 판매원 중 책임자. 점장.

3) 장기적 관계지향성

디자이너 브랜드의 샵마스터의 CRM(고객관계관리)에 대한 연구(이승희, 이병화, 2003)에서 샵마스터의 고객관리는 고객의 신뢰도에 영향을 주었고, 고객의 신뢰도는 고객의 관계지향성에 유의미한 영향을 주는 것으로 나타났다. 쇼핑몰 고객에 대한 연구(Gaby 외, 2003)에서 소매업자에 대한 신뢰도가 높으면 관계에 대한 몰입정도가 높아지고 결과적으로 미래 구매 행동으로 연결될 것이라고 밝혔다. Devon & Kent(2003)의 재정적 서비스업에 대한 관계마케팅에 대한 연구에서 기업에 대한 인지적 또는 감정적 신뢰도는 판매효율성이나 미래 상호작용에 대한 긍정적 기대에 영향을 미치는 것으로 나타났다. 이러한 선행연구 결과에 따라 다음과 같은 가설을 설정되었다.

가설 17. 몰입은 반복 구매 및 구전 의도에 긍정적 영향을 미칠 것이다.

가설 18. 몰입은 관계 유지 의도에 긍정적 영향을 미칠 것이다.

Gwinner(1998)의 연구에서는 관계혜택과 관계 강도 사이이 상호작용적 영향관계가 있을 수 있음을 제안하였다. 지속적 관계 유지는 더 많은 관계혜택을 제공함으로써 달성되는 것으로 나타났고, 또한 관계의 강도가 증가할수록 소비자는 더 많은 관계혜택을 추구할 가능성이 높은 것으로 나타났다. 이는 관계혜택이 관계를 지속시키는 역할을 하는 것뿐 아니라 관계를 강화하는 역할도 동시에 할 수 있음을 시사한다. 미용실 고객을 대상으로 한 서문식 등(2001)의 연구에서도 관계강도가 약한 경우, 관계혜택요인 모두가 통계적으로 유의한 수준에서 장기적 관계지향성에 정의 영향을 미치는 것으로 나타났고, 관계강도가 강한 경우, 경제적 혜택을 제외하고 나머지 혜택이 통계적으로 유의한 수준에서 장기적 관계지향성에 정의 영향을 미치는 것으로 나타나, 관계의 강도는 관계혜택 지각에 영향을 미칠 수 있음을 시사했다. 또한, 관계 기간에 대해서 분석한 결과, 2년 미만의 경우 관계혜택 중에서 사회적 혜택을 제외한 나머지 혜택 모두 통계적으로 유의한 수준에서 장기적 관계지향성에 정의 영향을 미치는 것으로 밝혔고, 관계 기간이 길어질수록 심리적 혜택과 기술적, 경제적 혜택의 중요성은 감소하는 반면, 사회적 혜택의 중요성은 증가하는 것으로 나타났다. 따라서 소비자 거래 성향 및 소비자 특성에 따라서 관계혜택 지각이 차이가 있을 것으로 생각되므로 다음과 같은 연구문제를 설정하였다.

연구문제 3. 소비자 특성에 따라서 관계혜택 지각이 장기적 관계지향성에 미치는 영향이 차이가 있는 지 알아본다.

본 연구에서 제안된 모든 연구문제를 정리하면 다음 [표 3-1] 과 같다.

[표 3-1] 연구문제의 정리

분 류	내 용
연구문제 1.	패션상품 소비자의 관계혜택 지각 내용을 밝힌다.
연구문제 2.	관계혜택 지각이 장기적 관계지향성을 형성하는 과정을 밝힌다. 가설 1. 정보적 혜택은 거래만족에 긍정적 영향을 미칠 것이다. 가설 2. 정보적 혜택은 서비스만족에 긍정적 영향을 미칠 것이다. 가설 3. 정보적 혜택은 신뢰에 긍정적 영향을 미칠 것이다. 가설 4. 심리적 혜택은 거래만족에 긍정적 영향을 미칠 것이다. 가설 5. 심리적 혜택은 서비스만족에 긍정적 영향을 미칠 것이다. 가설 6. 심리적 혜택은 신뢰에 긍정적 영향을 미칠 것이다. 가설 7. 특별대우 혜택은 거래만족에 긍정적 영향을 미칠 것이다. 가설 8. 특별대우 혜택은 서비스만족에 긍정적 영향을 미칠 것이다. 가설 9. 특별대우 혜택은 신뢰에 긍정적 영향을 미칠 것이다. 가설 10. 경제적 혜택은 거래만족에 긍정적 영향을 미칠 것이다. 가설 11. 경제적 혜택은 서비스만족에 긍정적 영향을 미칠 것이다. 가설 12. 경제적 혜택은 신뢰에 긍정적 영향을 미칠 것이다. 가설 13. 거래만족은 신뢰에 긍정적인 영향을 미칠 것이다. 가설 14. 서비스만족은 신뢰에 긍정적인 영향을 미칠 것이다. 가설 15. 신뢰는 몰입에 긍정적인 영향을 미칠 것이다. 가설 16. 관계 전환비용은 몰입에 긍정적 영향을 미칠 것이다. 가설 17. 몰입은 반복 구매 및 구전행동에 긍정적인 영향을 미칠 것이다. 가설 18. 몰입은 관계 유지 의도에 긍정적 영향을 미칠 것이다.
연구문제 3.	소비자 거래 성향과 구매 행동 특성에 따라서 관계혜택 지각이 장기적 관계지향성에 미치는 영향이 차이가 있는지 알아본다.

2. 연구모형의 설정

이론적 연구에서 살펴본 것을 종합하여 패션상품 소비자의 관계혜택 지각과 장기적 관계 형성 과정과의 관계를 파악하기 위해 이론적 모형을 구성하였는데, 선행변수는 관계혜택 지각으로 설정하고, 매개변수로 만족과 신뢰, 몰입의 단계를 추가하였으며, 결과변수로는 장기적 관계지향성을 설정하였다. 이들 변수들의 탐색적인 가설관계의 영향력을 검증하기 위해 [그림 3-1]과 같은 연구모형을 구성하였다.

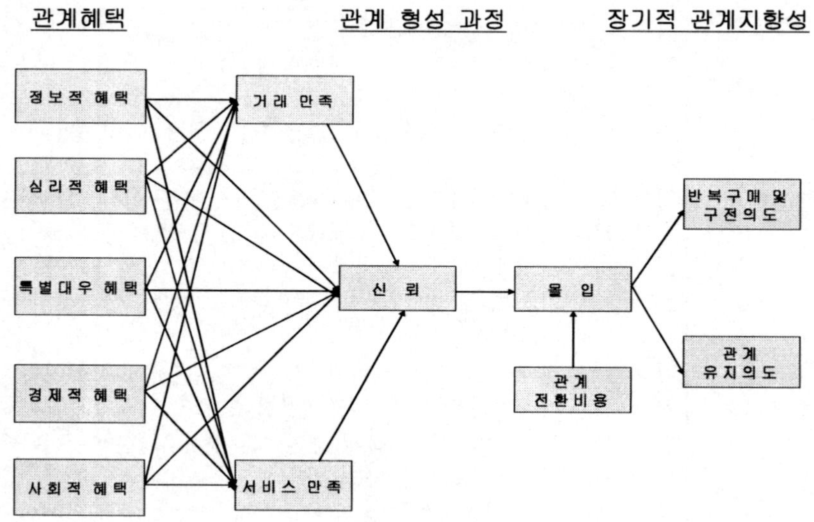

[그림 3-1] 관계혜택이 장기적 관계지향성에 미치는
영향-연구모형

패션상품 소비자의 관계혜택은 정보적 혜택, 심리적 혜택, 특별대우 혜택, 경제적 혜택, 사회적 혜택 등으로 나누어 질 것이고, 이러한 관계혜택이 거래만족이나 서비스만족에 영향을 줄 것이다. 다음으로 만족은 신뢰에 영향을 미칠 것이고, 신뢰는 관계에 대한 몰입에 영향을 미치며, 결과적으로 관계에 대한 장기 지향성의 형성에 영향을 미칠 것으로 예상된다. 또한, 상황 특성으로서 관계 전환비용이 관계에 대한 몰입에 영향을 미칠 것이다. 이러한 가정 하에 관계혜택이 장기적 관계지향성에 미치는 영향에 대한 전체적인 모형을 구성하였다.

제2절 연구방법 및 절차

본 절에서는 연구문제 및 가설의 규명을 위하여 질문지 조사를 실시하였으며, 질문지의 구성, 자료의 수집과 표본의 구성, 자료의 분석 방법 등에 대하여 설명하였다. 질문지는 패션상품 소비자의 관계혜택 지각, 소비자의 거래 성향, 구매 후 태도, 장기적 관계지향성, 상황 특성, 구매 행동 특성, 인구 통계적 특성에 관한 문항으로 이루어졌다.

본 조사에서 사용된 문항들은 각 변수에 대해 선행연구에서 사용된 문항 들 중 타당성이 높은 문항과 본 연구자가 의상학과 학생 및 일반 소비자들을 면접한 결과에 따라 개발한 문항으로 구성되었으며, 의류학 관련 전공자들에 의해 내용이 검토되어 수정, 보완된 후 최종 질문지를 완성하였다.

1. 측정도구의 구성

본 연구의 실증적 조사에서는 관계혜택 지각, 소비자 거래 성향, 관계 형성 과정, 관계결과, 상황 특성, 구매 행동 특성 등 모두 6 가지 개념이 7점 척도로 측정되었고, 마지막으로 인구 통계적 특성이 측정되었다. 구체적인 질문지의 구성에 대한 전체적인 요약은 [표 3-2]에 제시하였고, 각 개념을 측정하기 위해 질문지에 입력된 구체적인 문항내용과 그 출처에 대한 설명은 다음과 같다.

[표 3-2] 실증적 연구에 사용된 질문지의 구성

구 성	측 정 변 수		문항 수	출 처
1부	관계 혜택 지각	경제적 혜택	7문항	Gwinner 등(1998), Reynolds & Sharron(1999) 백수경(1999), 박종무 외(2002), 주성래(2003)
		사회적 혜택	5문항	
		심리적 혜택	7문항	
		부담감소 혜택	3문항	연구자 개발
		특별대우 혜택	9문항	안우규(2002), 정인희(2003) Gwinner 외(1998), Mittal & Lasser(1998),
		정보적 혜택	6문항	Kristy & Sharron(1999) 김은정, 이선재(2001) Schroder & Wulf(2003) 정인희(2003)
	총 문항 수		37문항	
2부	거래 성향	가격 중시 경향	1문항	연구자 개발
		사회적 경향	3문항	Cheek & Buss(1981) Gaby, Wulf & Patrick (2003)
		관리 선호 경향	3문항	정인희, 김순칠(2003)
	총 문항 수		7문항	

구 성	측 정 변 수		문 항 수	출 처
	구매 후 태도	만족	9문항	Oliver(1999), 홍금희(2002)
		신뢰	11문항	Morgan & Hunt(1994) Christopher 외(2002) 김은정과 이선재(2001)
		몰입	7문항	Morgan & Hunt(1994) Moorman(1992) Ellen & Johnson(1999)
	총 문 항 수		27문항	
4부	관계 결과	장기지향성	4문항	Zeithaml 외(1996) 김은정, 이선재(2001)
		기회주의 행동	2문항	Morgan & Hunt(1994) 안소현(2000) Abdul-Muhmin(2003)
		구전 의도	3문항	Zeithaml 외(1996) 이학식, 임지훈(2003) 김은정, 이선재(2001)
	총 문 항 수		9문항	
5부	관계 전환 비용	관계 전환비용	1문항	Patterson & Smith(2001)의 연구에서 수정한 안우규(2002) 의 문항 재수정
		단절관계 전환비용	1문항	
		정보제공	2문항	Leuthesser(1997)
	총 문 항 수		4문항	
6부	구매 행동 특성	관계 유무	1문항	연구자 개발
		관계 정도	1문항	
		제품 관여	1문항	Mittal & Lasser(1998) 참 고 수정
		관계 기간	1문항	Bucknixx & Poel(2004)
		관계 대상	1문항	연구자 개발
	총 문 항 수		5문항	
7부	인구 통계적 특성	나이, 결혼 여부, 직업, 학력, 월수입, 거주지	각 1문항씩	연구자 개발
	총 문 항 수		6문항	

1) 관계혜택 지각

　패션점포의 관계혜택을 밝히는 연구는 아직까지 많지 않으므로, 본 연구에서는 다양한 대상에 대한 관계마케팅 선행연구결과 타당성이 있다고 밝혀진 문항들을 패션상품 소비자에 적절하게 수정하여 사용하여 패션점포 소비자의 관계혜택 지각 내용을 보다 자세하게 밝히고자 하였다. 따라서 대부분의 연구에서 주로 다루었던 경제적 혜택, 사회적 혜택, 심리적 혜택 이외에도 특별대우 혜택, 정보적 혜택 등에 대한 문항을 포함시켜 패션점포의 관계혜택 요인 구조를 보다 세분화해서 분석하였다. 경제적 혜택, 사회적 혜택, 심리적 혜택은 Gwinner 외(1998), Reynolds & Sharron(1999), 백수경(1999), 박종무 등(2002), 주성래(2003)의 연구에서 각각 혜택차원에 따라 경제적 혜택과 심리적 혜택은 7문항, 사회적 혜택은 5문항을 선택한 후 수정, 보완한 후 7점 척도로 구성하였다. 또한, 본 연구에서는 패션점포의 고객들이 쇼핑을 하면서 판매원과의 접촉을 할 때 느끼는 구매 부담감이 고객관계를 가지면 부담감을 적게 느끼고 더 편하게 쇼핑을 한다는 사전조사 결과에 따라 심리적 혜택 문항에 부담감소 혜택 문항을 3문항 작성하여 추가하였다. 특별대우 혜택은 안우규 등(2002)의 연구에서 특별대우 혜택 문항과 Gwinner 등(1998)의 연구에서 사용된 우호적 대우 문항, Mittal & Lasser(1998)의 연구에서 개인화 혜택 문항, 정인희(2003)의 연구에서 개별화 서비스에 대한 문항들을 참고로 하여 패션점포의 소비자에게 적합한 문항으로 9문항을 구성하였다. 정보적 혜택은 Kristy & Sharron(1999)의 연구에서 사용된 기능적 혜택 문항, 김은정과 이선재(2001)의 연구에서 사용된 커뮤니케이션 문항, Schroder

& Wulf(2003)의 연구에서 사용된 의사소통 문항, 정인희(2003)의 연구에서 사용된 지속적 관심 문항과 정보제공 서비스 문항을 참고로 하여 6문항으로 구성하였다. 결과적으로 본 연구에서 패션점포의 소비자의 관계혜택 지각에 대한 문항은 총 37문항으로 구성되었다.

[표 3-3] 관계혜택 지각 측정 문항

관계혜택 차원	측 정 문 항	출 처
경 제 적 혜 택	· 특정 점포와 고정고객관계를 형성하면 쇼핑 시간이 절약 된다 · 이 점포의 고정고객이 됨으로써 쇼핑이 보다 편리해졌다 · 이 점포에서 제공하는 정보나 조언 때문에 많은 도움을 얻는다. · 매번 다른 곳에서 구매하는 것보다는 특정 점포의 고정고객이 되는 것이 더 편리하다 · 고정고객이기 때문에 결제 시 여러 가지 편의를 제공 받는다 · 점포가 나에 대해 알고 있어서 쇼핑이 편리해졌다. · 고정고객에게는 가끔 가격할인을 해준다.	Gwinner 등 (1998), Reynolds & Sharron (1999), 백수경 (1999) 박종무 외 (2002), 주성래 (2003)
사 회 적 혜 택	· 이 점포는 고정고객에 대해 더 많은 것들을 알려고 노력한다. · 나는 이 회사의 종업원과 따로 전화를 하거나 만나기도 한다. · 나는 종업원의 개인적 신상에 대해 알고 있으며 관심을 가지고 있다 · 이 점포는 나의 개인적 신상에 대해 어느 정도 알고 있고 관심을 갖는다. · 이 점포의 종업원은 나에게 맞는 스타일이나 제품정보에 대해 잘 알고 있다.	
심 리 적 혜 택	· 이 점포에 들어서면 마음이 편해진다. · 이 점포의 고정고객이 되는 것은 쇼핑할 때 심리적 안정감을 준다. · 이 점포에서 쇼핑하는 것은 즐겁다 · 이 점포의 종업원은 먼저 알아보고 인사 한다. · 이 점포는 고정고객이 더 편안한 쇼핑을 하도록 신경 쓴다. · 나는 쇼핑하면서 종업원과 대화를 나누는 것이 즐겁다. · 이 점포는 다른 손님보다 고정고객인 나를 더 잘 배려해주는 것 같다.	

관계혜택 차원	측 정 문 항	출 처
부 담 감 소 혜 택	・이 점포는 고정고객에게 더 많은 것을 구매하도록 부담을 주는 언행을 하지 않는다. ・이 점포는 구마 후 교환이나 환불에 대해 전혀 부담스럽지 않게 원하는 대로 해준다. ・이 점포는 구매목적이 아닌 방문도 반갑게 맞이해준다.	연구자 개발
특 별 대 우 혜 택	・이 점포는 나에게 어울릴만한 스타일을 남겨둔다. ・이 점포는 고정고객을 위한 이벤트를 준비하기도 한다. ・이 점포는 나의 기념일을 기억한다. ・이 점포는 단골고객에게만 제공하는 특별한 선물이나 보상, 쿠폰 등이 가끔 있다 ・고정고객이기 때문에 점포 방문 시 다른 사람보다도 더 신속하게 서비스를 제공 받는다 ・나에게 꼭 필요한 제품을 내 입장에서 생각하고 제시해준다 ・고정고객이기 때문에 결제 시 여러 가지 편의를 제공받는다. ・이 점포는 쇼핑 시 내가 원하는 서비스만을 적절하게 제공한다. ・이 점포의 종업원은 나에게 다른 손님과 다른 특별한 대우를 해준다.	안우규 (2002), Gwinner 외 (1998), Mittal & Lasser (1998), 정인희 (2003)
정 보 적 혜 택	・고객에게 홈페이지나 이메일, 핸드폰 같은 정보기술을 이용하여 쇼핑정보를 제공한다. ・점포의 지속적인 연락(메일, 우편, 전화) 때문에 구매에 도움 되는 정보를 얻을 수 있다. ・이 점포는 신상품에 대한 정보를 미리 알려준다. ・전에 내가 구매한 정보를 이용하여 다음 쇼핑에 대한 정보를 제공해준다 ・이 점포는 나에게 지속적으로 연락을 취한다(전화, 이메일, 우편물 등) ・이 점포는 세일에 관한 정보를 미리 알려준다. ・점포의 고정고객이 되면 쇼핑 전에 별도의 쇼핑정보를 알아볼 필요가 적다	

2) 소비자 거래 성향

패션상품 소비자의 관계혜택 지각정도에 영향을 줄 것으로 예상되는 또 다른 선행변수로는 소비자 거래 성향을 들 수 있다. Jackson(1985)은 거래마케팅 또는 관계마케팅의 적용은 관계에 대한 고객의 성향에 의존한다고 하였다. Garbrino & Johnson(1999)은 고객이 고품질의 유사한 서비스를 받는 극장환경에서, 관람고객들의 관계성향에는 체계적인 차이가 있는 것으로 밝혀내었는데, 관계성향이 낮은 관람고객의 경우, 구매 의도는 전반적인 만족에 의해 영향 받고 있었고, 관계성향이 높은 관람고객의 구매의도는 신뢰와 몰입에 의해 영향을 받고 있음을 밝혀냈다. 호텔고객을 대상으로 고객의 관계성향에 의한 만족, 신뢰, 몰입의 상이한 역할에 대해 연구한 황용철(2002)의 연구에서 관계성향이 높은 고객의 경우, 몰입은 구매 의도에 정적인 영향을 주는 반면, 관계성향이 낮은 고객의 경우, 전반적 만족은 신뢰에 정적인 영향을 미치는 것으로 나타났다.

본 연구에서는 소비자의 거래 성향으로 사회성 경향, 관리 선호 경향, 가격 중시 경향을 측정하였다.

① 사회성 경향

관계라는 것은 일방적인 개념이 아닌 쌍방향적인 개념이므로 소비자의 성격성향이 얼마나 사회적인지에 따라 관계에 대한 인식이나 호응이 달라질 것으로 생각하여 사회성 경향을 측정하였다. 문항을 구성하기 위해서 Cheek & Buss(1981)에서 사용된 사회적 동맹 문항과 Gaby, Wulf & Patrick(2003)의 연구에서 사용된 사회적 인식문항에서 문항을 추출하여 수정을 거쳐 3문

항을 구성하였고, "전혀 그렇지 않다 - 매우 그렇다"로 구성된 7
점 척도에 응답하게 하였다.

② 관리 선호 경향

패션점포나 기업에서 고객관계를 가지고 있는 소비자를 더욱
우대해주고, 특혜를 주며, 따로 개인적으로 관리하는 것에 대한
소비자의 선호도를 말하는 데, 즉 고객관계관리에 대한 선호 성
향이 있는지를 측정하기 위해 정인희(2003)의 연구에서 고객관
리제도 문항을 참고로 3문항을 구성하였고, "전혀 그렇지 않다
- 매우 그렇다"에 이르는 7점 척도에 응답하게 하였다.

[표 3-4] 거래 성향 측정 문항

측정개념	측 정 문 항	출 처
사회성	· 나는 집단 안에서 사람들과 어울리기를 좋아 한다 · 나는 다른 사람과 지속적으로 알고 지내는 것이 편하다 · 나는 쇼핑할 때 다른 사람의 대접을 받으면 기분이 좋다	Cheek & Buss (1981), Schroder & Wulf(2003)
관리 선호	· 이 점포에서는 고객관리를 받을 수 있어서 좋다 · 이 점포에서는 고객관리 프로그램이 있는 것 같아 안심된다. · 나처럼 고정고객을 위해 점포가 특별한 노력을 기울이는 것이 기쁘다	Anderson & Narus(1990) Frazier 외 (1989), Ping(1997)
가격 중시	· 나는 특정 점포의 고정고객이 되기보다는 값싸게 구매하는 데 관심이 더 많다	연구자 개발

③ 가격 중시 경향

최근 소비자들의 구매 패턴에서 중요한 구매결정요인 중 하나로 생각되는 가격 변수가 관계혜택 지각이나 장기적 관계지향성을 형성하는 데 어떠한 영향을 미치는 지 알아보기 위한 문항으로 가격 중시 경향을 측정하였다. 패션상품을 구매할 때 저렴한 가격에 따라서 고객관계를 바꾸는 정도를 질문하는 문항을 개발하여 "전혀 그렇지 않다 - 매우 그렇다"에 이르는 7점 척도에 응답하게 하였다.

3) 구매 후 태도

본 연구에서 패션상품의 관계혜택 지각 후 장기적 관계지향성 형성 과정에 포함된 변수로는 만족, 신뢰, 몰입이었다. 따라서 관계혜택에 대한 지각정도가 관계에 대한 만족, 상대방에 대한 신뢰도, 관계에 대한 몰입정도에 영향을 미치는 지 밝혀내고자 했다.

① 만 족

패션점포에서 구매 후 전반적으로 만족한 정도를 측정하기 위해 Oliver(1999), Ping(1993, 1997), Smith & Barclay(1997), 홍금희(2000), Willemijin(2004)의 연구에서 9문항을 추출하여 수정보완한 후 문항을 구성하였고, 이에 대한 동의 정도를 "전혀 그렇지 않다 - 매우 그렇다"로 설문항목을 구성하여 측정하였다.

② 신 뢰

　신뢰란 고객의 관점에서 상대방이 소비자의 이익에 공헌하고 있다는 것을 자신 있게 믿는 것과 상대방의 말이나 약속이 믿을 만 하고 교환관계에서 상대방이 의무를 다할 것이라는 믿음을 의미한다. 본 연구에서는 Morgan & Hunt(1994), Kumar 등(1995), Macintosh & Lockshin(1997), 김은정과 이선재(2001), Christopher 등(2002)의 연구를 참고하여 점포나 상표자체 또는 판매원과의 관계에서 신뢰에 대해 측정하는 문항을 11문항 구성하였고, 이에 대한 동의 정도를 "전혀 그렇지 않다－매우 그렇다"로 나타내어 측정하였다.

[표 3-5] 구매 후 태도 측정 문항

측정개념	측 정 문 항	출 처
만 족	· 이 점포와 거래를 한 후 후회한 적이 별로 없다. · 나는 이 점포의 고정고객인 것에 만족한다. · 이 점포와의 구매경험 결과 만족한다. · 이 점포에서 고정고객이 되어 계속 구매해도 구매 후 실패할 위험이 적다. · 이 점포는 항상 기대에 부응한다. · 이 점포의 종업원들이 마음에 든다. · 이 점포의 고객관리에 만족한다. · 이 점포는 단골고객에게 적절한 서비스를 수행한다. · 이 점포의 단골고객으로서 불편한 점은 없다.	Kumar 외 (1995), 홍금희 (2002), Abdul 외 (2003), Achim 외 (2003)
신 뢰	· 나는 이 점포를 믿을 수 있다. · 이 점포를 신뢰한다. · 사소한 불평불만이라도 성심성의껏 처리한다. · 이 점포는 단골고객에게 정직하다. · 제품구매 시 및 구매 후 A/S에 따른 여러 서비스가 잘될 것 같은 믿음이 든다. · 이 점포는 진실한 인상을 준다. · 이 점포는 항상 신뢰할 수 있다. · 단골고객과 약속한 내용을 이행한다. · 이 점포에서는 돈을 지출할 가치가 있다. · 이 점포는 내가 고객관계를 그만 둘 생각을 하게 할 행동을 하지 않는다. · 다른 곳보다 이 곳의 제품 및 서비스를 믿는다.	Morgan & Hunt(1994), Kumar 외 (1995), Doney & Canon(1997), Achim 외 (2003)
몰 입	· 이 점포와 장기적 관계를 유지하는 것이 나에게는 중요한 일이다. · 나는 이 점포에 대해 애착심이 있다. · 나는 이 점포와의 고객관계를 중요하게 생각한다. · 내가 고정고객이기 때문에 꼭 필요하지는 않지만 이 점포에서 구매해주는 경우도 있다. · 이 점포와의 장기적 고객관계를 갖는 것이 중요한 일이다. · 가격이 조금 더 비싸지더라도 이 점포에서 구입하는 것이 이익이라고 생각한다. · 이 점포는 고객의 이익을 먼저 생각한다.	Morgan & Hunt (1994), Mohr & Nevin(1996), Christopher 외 (2002)

③ 몰 입

점포 또는 상표와의 관계를 통해 일체감을 느끼는 정도 및 점포 또는 상표와 가치 있는 관계를 유지하고자 하는 지속적인 열망을 측정하기 위한 문항으로 Morgan & Hunt(1994), Moorman(1992), Ellen & Johnson(1999)에서 사용된 몰입문항에서 추출, 수정하여 7문항 구성하였다.

4) 관계 전환비용

본 연구에서는 관계혜택에 대한 지각정도가 만족, 신뢰, 몰입의 단계를 거쳐 관계에 대한 장기지향성에 이르는 과정에서 영향을 미치는 상황 특성요인으로서 관계 전환비용을 측정하였다

[표 3-6] 관계 전환비용 측정 문항

측정개념	측　　정　　문　　항	출처
관계 전환 비용	·현재 이용하는 단골 점포를 바꾸는 것은 많은 시간적, 금전적 소비를 필요로 한다. ·단골점포를 바꾸면 친숙하고 편안한 관계를 잃게 될까 염려된다. ·나는 점포에게 개인적인 정보를 알려주기도 한다.	Patterson & Smith(2001), 안우규 외(2002), Leuthesser(1997)

관계의 형성 과정에서 관계 결과행동에 영향을 줄 수 있는 상황변수로써 관계 전환비용의 지각, 관계단절위험, 개인정보제공에 대한 문항을 각각 1문항씩 총 3문항으로 구성하였다. 전환비용지각과 관계단절위험 문항은 Patterson & Smith(2001)의 연구를 참고, 수정한 안우규 등(2002)의 문항을 수정하여 사용하

였고, 개인정보제공 문항은 Leuthesser(1997)의 연구에서 상호 간 정보교환 문항을 수정하여 구성하였고, "전혀 그렇지 않다-매우 그렇다"로 구성된 7점 척도에 응답하게 하였다.

5) 장기적 관계지향성

본 연구에서는 관계마케팅의 결과인 장기적 관계지향성을 나타내는 변수로 반복 구매 및 구전, 관계 유지 의도, 관계 전환행동이라는 세 변수를 설정하여 관계혜택의 지각정도가 만족, 신뢰, 몰입의 단계를 거쳐 관계결과에 어떠한 영향을 주는 지 밝히고자 하였다.

[표 3-7] 장기적 관계지향성 측정 문항

측정개념	측 정 문 항	출 처
반복 구매 및 구전 의도	· 이 점포와의 고객관계를 계속 유지할 의향이 있다 · 다음 구매할 때에도 이 점포를 이용할 것이다 · 다른 사람이 조언을 구한다면 이 점포를 적극 추천할 것이다. · 이 점포에 대해 다른 사람들에게 선전할 것이다.	Garbrino & Johnson(1999) Gruen 외(2000)
관계 유지 의도	· 이 점포와의 고객관계를 발전시키기 위해 돈과 시간을 투자할 의향이 있다. · 단골 점포의 가격이 비슷한 제품을 파는 다른 곳보다 비싸더라도 쇼핑을 하게 된다. · 점포가 옮기더라도 기꺼이 찾아 갈 것이다.	Gaby 외(2003), Abdul 외(2003)
관계 전환 의도	· 쇼핑 시 문제가 발생하면 이 점포에서 해결하기보다는 다른 점포로 옮기는 게 더 낫다 · 이 점포를 이용하더라도 항상 다른 더 나은 점포가 없나 둘러볼 것이다.	Morgan & Hunt (1994) Alhassan(2003)

① 반복 구매 및 구전 의도

현재 고객관계를 가지고 있는 점포나 상표에 대해 미래에 반복 구매할 의도와 주변 사람들에게 추천할 의도를 측정하기 위한 문항으로 Zeithaml(1996)의 연구에서 사용된 미래 구매 의도 문항, 김은정과 이선재(2001)의 재구매 의도 문항, Garbrino & Johnson(1999), 이학식(1999)의 구전 의도 문항을 추출하여 수정한 후 4문항을 구성하였고, 그에 대한 동의 정도를 "전혀 그렇지 않다-매우 그렇다"에 이르는 7점 척도에 응답하게 하였다.

② 관계 유지 의도

현재 고객관계를 가지고 있는 점포나 상표에 대해서 미래에도 고객관계를 유지할 의도를 측정하기 위해 Gaby 외(2003), Abdul-Muhmin(2003)의 연구에서 사용된 장기지향성 문항을 수정하여 총 3문항을 사용하였고, 그에 대한 동의 정도를 "전혀 그렇지 않다-매우 그렇다"에 이르는 7점 척도에 응답하게 하였다.

③ 관계 전환 의도

관계결과 행동 중 하나로 현재의 관계 대상을 상황에 따라 다른 대상으로 고객관계를 바꾸려고 하는 관계 전환 의도를 측정하기 위해 Morgan & Hunt(1994), Abdul-Muhmin(2003)의 연구에서 기회주의 또는 이탈경향 문항을 참고하여 수정 후 2문항을 구성하였다.

6) 소비자 구매 행동 특성

구매 행동 특성은 소비자가 패션상품 구매와 연관된 행동특성이다. 본 연구에서는 관계 유무, 관계 정도, 제품 관여, 관계 기간, 관계 대상에 대한 질문내용이 포함되었다.

① 관계 유무

응답자가 특정 점포나 상표에 고객관계를 가지고 있는지를 측정하는 문항으로 고객관계 유무를 측정하기 위해 연구자가 개발한 1문항을 사용하였고, 이에 대한 동의 정도를 "있다-없다"에 응답하게 하였다. 또한, "없다"에 응답한 소비자의 경우 이어지는 고객관계 관련 문항들에 대한 응답을 제외시키고 마지막 부문인 인구 통계적 문항으로 바로 이어서 응답하게 하였다.

② 고객관계 정도

서비스제공 기업과 고객과의 파트너십을 결정하는 변수로서 지각된 서비스품질 또는 고객만족 등에 관한 경험적 연구들은 많았지만, 기업과 강한 또는 약한 관계적 결속에 따라 고객을 얼마나 다양하게 평가할 수 있는지에 대한 연구는 거의 없었다(황영철, 2002). 협력이론에 의하면 강한 관계를 형성한 고객은 신뢰와 몰입수준이 보다 높을 뿐 아니라, 신리와 몰입은 그들의 태도와 신념구조에서 중심이 되고 있음을 강하게 주장하고 있다(Morgan & Hunt, 1994). 따라서 고객관계가 강한지 약한지에 따라 만족, 신뢰, 몰입의 과정을 거쳐 장기적 관계지향성에 이르는 과정이 차이가 있을 것으로 예측된다. 본 연구에서는 응답자가 지각하는 고객관계의 정도를 측정하는 문항으로 연구자가 개발한 1문항으로 구성되었으며, 이에 대한 응답정도를 "전혀 강하지 않다-매우 강하다"로 구성된 7점 척도에 응답하게 하였다.

③ 제품 관여

고객관계를 가지고 쇼핑하는 상품에 대한 관여도와 관계혜택 각
과의 관련성을 알아보기 위해서 현재 고객관계를 가지고 있는 상품
에 대한 관여도를 측정하는 문항으로 Laurant & Kapferer(1980),
Mittal(1998)의 제품범주관여 문항을 참고하여 1문항을 구성하였
고, 이에 대한 응답은 "전혀 중요하지 않다-매우 중요하다"로 이
루어진 7점 척도에 응답하게 하였다.

④ 관계 기간

관계 대상 점포를 이용했던 기간을 측정하는 문항으로 Bucknixx
& Poel(2004)의 연구를 참고하여 1문항 구성하였고, 이에 대해
서 "7년 이상 전부터-1년 전부터"로 이루어진 6점 척도에 응답
하게 하였다.

[표 3-8] 구매 행동 특성 측정 문항

측정 개념	측 정 문 항	출 처
관계 유무	• 귀하가 고정고객(단골)이라고 생각하는 점포가 있나요?	연구자 개발
관계 정도	• 귀하의 고객관계 정도는 어느 정도라고 생각하십니까?	연구자 개발
제품 관여	• 귀하가 고정고객관계를 가지고 쇼핑하시는 제품들이 어느 정도 중요하다고 생각하십니까?	Mittal(1998)
관계 기간	• 귀하는 언제부터 위 점포를 이용하셨습니까?	연구자 개발
관계 대상	• 귀하가 고정고객관계를 가지고 있다고 생각되는 점포나 상표의 유형에 표시해 주십시오.	Bucknixx & Poel(2004)

⑤ 관계 대상

고객관계를 가지고 있는 소비자가 어떤 대상에 대해 관계를 가지는 지 측정하기 위해서 응답 가능한 점포의 종류와 상표의 종류를 제시하였고, 특정 점포에 고객관계가 있으면 점포의 유형에 표시하게 하였고, 특정 점포에 있는 특정 상표에 대해 고객관계를 가지는 소비자들의 경우 특정 점포와 특정 상표의 유형에 대해서 모두 표시하게 하였고, 특정 상표에 고객관계를 가지고 있는 소비자는 특정 상표의 유형에 표시하여 응답하게 하였다.

7) 인구 통계적 특성

본 연구에서 사용된 인구 통계적 특성을 측정하는 문항에는 나이, 결혼 여부, 직업, 최종학력, 월 총수입, 그리고 거주지에 대한 질문 문항이 포함되었다.

2. 자료수집과 표본 구성

패션상품 소비자의 관계혜택과 장기적 관계지향성에 관한 실증적 조사를 위하여 서울, 경기도, 광주 등 3지역에서 20세 이상의 여성 소비자를 편의 표집한 후 질문지 조사를 실시하였다.

자료의 배포 및 수집기간은 2004년 6월 7일에서 6월 30일 사이에 이루어졌고, 질문지는 900부가 배부되어 총 857부가 회수되었고(회수율 95.2%), 결측값이 있는 자료는 분석에서 제외하여 총 766부가 통계처리에 사용되었다.

응답자의 인구 통계적 특성은 다음 [표 3-9]와 같다. 표본의 나이분포를 보면, 20대가 209명(26.9%), 30대가 360명(46.4%), 40대가 158명(20.4%), 51세 이상이 59명(6.3%)으로 나타나 31-40세 소비자가 가장 많이 응답한 것으로 나타났다. 응답자의 결혼 여부는 기혼응답자가 538명(69.3%)으로 미혼(238명, 30.7%)보다 두 배 이상 많았다.

표본의 학력분포는 전문대졸업 이상이 70%를 차지하는 것으로 보아 비교적 학력수준이 높은 응답자 특성을 나타냈다. 수입수준은 100만 원 이하가 58명(7.5%), 101만 원-200만 원 이하가 165명(22.3%), 201만 원-300만 원 이하가 190명(24.5%), 301만 원-400만 원 이하가 137명(17.7%), 401만 원-500만 원 이하가 97명(12.5%), 501만 원-600만 원 이하가 77명(9.9%), 601만 원 이상이 52명(6.7%)인 것으로 나타났다.

직업분포를 보면 주부가 가장 많았고(251명, 32.3%), 경영 관리직이 9명(1.2%), 전문직이 134명(17.3%), 전문기술직이 13명(1.7%), 사무직이 200명(25.8%), 서비스직이 47명(6.1%), 판매직이 11명(1.4%), 학생이 60명(7.7%), 공무원 및 교원이 51명(6.6%)인 것으로 나타나 사무직과 주부 응답자가 많은 것으로 나타났다.

응답자의 거주지역을 살펴보면, 광주광역시에 거주하는 응답자는 260명(33.5%)이었고, 경기도는 175명(22.6%), 서울시 거주 응답자는 341명(43.9%)이었다.

본 연구에 사용된 표본의 분포를 일반적 경향을 살펴보면, 연령에서는 30대가 주로 많고, 기혼 주부며 직업을 가진 경우는 사무직이나 전문직이 많았고, 학력은 비교적 높으며, 수입은

[표 3-9] 표본의 인구 통계적 특성

항 목	범 주	빈 도	백분율	항 목	범 주	빈 도	백분율
나 이	20-30 31-40 41-50 51 이상	209 360 158 49	26.9 46.4 20.4 6.3	**학 력**	중학교졸업 이하 고등학교졸업 전문대재학 이상 전문대졸 대학재학 중 대학졸업 대학원 이상	5 148 6 128 70 357 62	0.6 19.1 0.8 16.5 9.0 46.0 8.0
	합 계	776	100		합 계	776	100
결혼 여부	기혼 미혼	538 238	69.3 30.7	**거 주 지**	광주광역시 경기도 서울시	260 175 341	33.5 22.6 43.9
	합 계	776	100		합 계	776	100
수 입	100만 원 이하 101만 원- 200만 원 201만 원- 300만 원 301만 원- 400만 원 401만 원- 500만 원 501만 원- 600만 원 601만 원 이상	58 165 190 137 97 77 52	7.5 21.3 24.5 17.7 12.5 9.9 6.7	**직 업**	경영관리직 전문직 전문기술직 사무직 서비스직 판매직 학생 주부 공무원 및 교원	9 134 13 200 47 11 60 251 51	1.2 17.3 1.7 25.8 6.1 1.4 7.7 32.3 6.6
	합 계	776	100		합 계	776	100

200만 원 이상 400만 원 이하에 주로 분포되어 있으며, 거주

지역은 광주와 서울, 경기도에 고루 거주하고 있는 특징을 가지고 있는 표본인 것을 알 수 있다.

3. 자료의 분석

본 연구에서 설정된 가설을 검증하기 위해서 SPSS 10.0 Package를 이용하여 주성분 요인분석과 군집분석, 교차분석, 신뢰도 분석(Cronbach's α), Pearson의 상관관계, 일변량 분산분석, T-검증 등을 실시하였고, 패션상품 소비자의 관계혜택 지각이 장기적 관계지향성을 형성하는 과정에 대한 전체 경로모형을 검증하기 위해서 Amos 5.0 Package를 사용하여 분석하였다.

제4장 결과 및 논의

본 장에서는 이론적 연구를 토대로 설정된 세 개의 연구문제와 그에 따른 연구 가설들을 실증적으로 분석하고 그 결과를 제시하였다.

제1절 관계 소비자에 대한 분석

본 절에서는 본 연구의 응답자 중에서 패션 점포에 대해 고정 고객관계가 있는 지 여부를 측정하여 그 중 고객관계가 있다고 응답한 소비자들에 대해서 분석을 실시하였는데, 특히 고객관계를 가지고 있는 소비자의 인구 통계적 특성 및 관계 대상에 대한 분석을 하였다.

1. 고객관계의 유무에 따른 소비자 분류

전체 응답자 중에서 특정 패션점포나 상표에 대해 고객관계를 가지고 있는 지 여부에 따라 빈도분석을 실시한 결과, 전체 응답자 776명 중 70%에 가까운 540명이 특정 점포에 대해 고객관계가 있는 소비자인 것으로 나타났다.

이러한 결과로 보아, 일반적으로 최근의 패션상품 소비자는 특정 점포와 고객관계를 가지는 소비자가 고객관계를 가지지 않은 소비자에 비해서 더 많은 것으로 생각되며, 따라서 패션상품에 대한 고객관계 전략의 효과에 대한 긍정적 전망을 할 수 있다.

[표 4-1] 관계 소비자 빈도분석

항 목	빈 도	퍼센트
고객관계를 가지고 있는 소비자(관계 소비자*)	540	69.6
고객관계를 가지고 있지 않는 소비자(비관계 소비자)	236	30.4
합 계	766	100.0

* 이하 본문에서는 고객관계를 가지고 있는 소비자를 관계소비자로, 고객관계를 가지고 있지 않는 소비자를 비관계 소비자로 편의상 명칭하기로 한다.

2. 관계 소비자의 인구 통계적 특징

특정 점포에 대해 고객관계를 가지고 있는 소비자들의 인구 통계적 특성을 분석해보았다. 그 결과, 전체 모집단의 분포와 비슷한 경향을 보였고, 나이는 31-40세의 소비자가 많았고, 결혼한 여성이 약 70%를 차지했으며, 학력은 대학졸업인 경우가 가장 많은 것으로 나타나 학력수분이 비교적 높다고 할 수 있고, 수입수준은 201만 원 이상 300만 원 이하의 수입수준이 많은 것으로 나타났으며, 주부인 경우보다 직장인이 더 많은 경향을 나타냈다. 관계 소비자의 자세한 인구 통계적 특성은 [표 4-2]와 같다. 거주지를 살펴보면, 서울시, 광주, 경기도의 순으로 거주 지역 분포를 나타냈다.

[표 4-2] 관계 소비자의 인구 통계적 특성

항 목	범 주	빈 도	백분율	항 목	범 주	빈 도	백분율
나 이	20-30	141	26.1	학 력	중학교졸업 이하	5	0.9
	31-40	244	45.2		고등학교졸업	100	18.5
	41-50	121	22.4		전문대재학 이상	5	0.9
	51 이상	34	6.3		전문대졸	87	16.1
					대학재학 중	52	9.6
					대학졸업	244	45.2
					대학원 이상	47	8.7
합 계		540	100	합 계		540	100
결혼 여부	기혼	374	69.3	거 주 지	광주광역시	174	32.2
	미혼	466	30.7		경기도	126	23.3
					서울시	240	44.5
합 계		540	100	합 계		540	100
수 입	100만 원 이하	41	7.6	직 업	경영관리직	9	1.7
	101만 원-200만 원	105	19.4		전문직	94	17.4
	201만 원-300만 원	130	24.1		전문기술직	9	1.7
	301만 원-400만 원	97	18.0		사무직	144	26.7
	401만 원-500만 원	69	12.8		서비스직	30	5.6
	501만 원-600만 원	57	10.6		판매직	7	1.3
	601만 원 이상	41	7.6		학생	41	7.6
					주부	172	31.9
					공무원 및 교원	34	6.3
합 계		540	100	합 계		540	100

3. 관계 소비자의 관계 대상 분석

특정 점포나 상표에 대해 고객관계를 가지고 있는 소비자의 관계 대상에 대해서 빈도 분석한 결과, 특정 점포에 대해 고객 관계를 가지고 있는 소비자는 상표에 상관없이 특정 점포에 대한 고객관계를 형성하고 있으며, 점포자체의 고객관리를 받고 있다고 생각할 수 있다. 전체 관계 소비자 중 점포대상 관계 소비자는 270명(50%)으로 나타났고, 특정 점포에 있는 특정 상표에 고객관계를 가지고 있는 소비자는 210명(38.9%)이었고, 특정 상표에 고객관계를 가지고 있는 소비자는 60명(11.1%)인 것으로 나타났다[표 4-3].

[표 4-3] 관계 대상 분석

관 계 대 상	빈 도	백분율
·특정 점포에 고객관계가 있는 소비자	270	50
·특정 상표에 고객관계가 있는 소비자	60	11
·특정 점포에 있는 특정 상표에 고객관계가 있는 소비자	210	39
합 계	540	100.0

[표 4-4]는 고객관계 대상별로 응답자의 빈도분포를 나타낸 것이다. 점포대상 고객관계를 가진 응답자 270명에 대해 고객관계 대상 점포의 종류 중에서 백화점에 대한 고객관계를 가진 응답자가 가장 많은 것으로 나타났고(140명/전체 270명, 51.8%), 이들은 상표에 상관없이 특정 백화점과 고객관계를 가지고 있으

며, 특정 백화점에 있는 특정 상표에 구애받지 않고 다양한 상표를 구매하는 소비자라고 볼 수 있다. 그다음으로는 제품의 상표에 대한 의미가 비교적 적은 일반 보세점(35명, 13.0%), 보세전문 쇼핑몰(27명, 10.0%), 대리점, 재래시장, 아울렛 몰, 유경상표 패션전문점, 디자이너 뷰틱의 순으로 빈도수가 많이 나타났다. 이러한 결과는 현재까지 우리나라의 패션 유통에서 고객관계관리를 중요하게 생각하고, 눈에 띄게 마케팅에 활용하는 경우는 백화점이 가장 적극적인 것으로 해석할 수 있고, 그다음으로는 로드 샵(road shop)의 형태로 개인이 운영하는 일반 보세 점의 경우 다소 규모가 작고 상권의 범위가 좁은 데 비해 그 객관계를 가지는 소비자의 비율이 예상보다 많게 나온 것은 체계적인 고객관리기법을 사용하는 것은 아니지만 인간적인 친밀감이나 지역 주민들과의 개인적인 교분을 활용하여 나름대로의 고객관계관리 활동을 적극적으로 하고 있다고 추측할 수 있다.

[표 4-4] 관계 대상 빈도분석

관계의 대상	빈도	비율	관계의 대상	빈도	비율
			▪ 백화점의 내셔널 상표	88	16.3
▪ 백화점	140	51.8	백화점의 디자이너 상표	11	2.0
▪ 대리점	18	6.7	백화점의 중저가 상표	27	5.0
▪ 유명상표패션전문점	6	2.3	백화점의 수입 상표	29	5.4
▪ 단독할인매장	11	4.0	백화점의 자체 상표	5	0.9
▪ 보세전문 쇼핑몰	27	10.0	▪ 대리점의 내셔널 상표	1	0.2
▪ 일반 보세점	35	13.0	대리점의 중저가 상표	3	0.6
▪ 아울렛 몰	14	5.2	대리점의 수입 상표	1	0.2
▪ 재래시장	17	6.3	대리점의 자체 상표	1	0.2
▪ 디자이너 뷰틱	2	0.7	▪ 유명상표 패션전문점의 내셔널 상표	1	0.2
			유명상표 패션전문점의 디자이너 상표	1	0.2
합 계	270	100	▪ 단독할인매장의 내셔널 상표	2	0.4
			단독할인매장의 디자이너 상표	2	0.4
			단독할인매장의 중저가 상표	3	0.6
			단독할인매장의 수입 상표	2	0.4
			▪ 보세전문 쇼핑몰의 중저가 상표	6	1.1
			보세전문 쇼핑몰의 수입 상표	1	0.2
			보세전문 쇼핑몰의 자체 상표	1	0.2
▪ 내셔널브랜드	24	40.0	▪ 일반 보세점의 내셔널 상표	2	0.4
▪ 디자이너 상표	8	13.3	일반 보세점의 중저가 상표	7	1.3
▪ 중저가 상표	10	16.7	일반 보세점의 수입 상표	2	0.4
▪ 수입 상표	7	11.7	일반 보세점의 자체 상표	3	0.6
▪ 점포자체 상표	11	18.3	▪ 아울렛 몰의 내셔널 상표	3	0.6
			아울렛 몰의 중저가 상표	5	0.9
			아울렛 몰의 자체 상표	1	0.2
			▪ 재래시장의 디자이너 상표	1	0.2
			재래시장의 자체 상표	1	0.2
합 계	60	100	합 계	210	100

특정 상표에 대해 고객관계를 가지고 있는 소비자는 점포가 어디든지 상관없이 특정 점포를 지정하지 않고, 특정 상표가 있

는 점포라면 그 곳에서 쇼핑을 하는 소비자를 말하며, 이러한 경우 상표 제조회사의 마일리지나 고객관리 프로그램에 의해 관리되고 있을 가능성이 있다. 상표 대상관계 소비자는 전체 관계 소비자 중에서 60명(11.1%)으로 비교적 낮은 비율로 나타났다. 그 중에서도 내셔널 상표에 고객관계를 가지고 있는 소비자가 가장 많았고(24명, 40.0%), 그다음으로 점포자체 상표, 중저가 상표에 대해 고객관계를 가진 소비자가 많은 것으로 나타났다. 소비자들을 의복 쇼핑을 할 때 점포를 통한 쇼핑을 하게 되기 때문에, 점포와 연관시키지 않고 상표 자체에 대해 고객관계를 가지는 소비자가 비교적 적게 나타났다고 생각된다.

특정 점포에 있는 특정 상표에 대해 고객관계를 가지고 있는 소비자는 특정 점포 및 상표와 동시에 고객관계를 형성하고 있는 것을 의미한다. 이러한 소비자는 점포에서의 고객관계 프르그램과 상표 제조 회사 측에서 실시하는 고객관계관리 프로그램에 영향을 받고 있을 가능성이 크다. 특정 점포에 있는 특정 상표 대상관계 소비자는 전체 관계 소비자 중에서 210명(38.9%)인 것으로 나타났다. 이 소비자집단은 점포자체의 상표(유통업자 상표: PB)에 대한 고객관계를 가진 소비자와 여러 점포에 공통적으로 있는 상표지만 특정 점포에 대해 고객관계를 가진 소비자를 포함한다. 이러한 관계 소비자 210명 중에서 고객관계의 빈도를 많이 차지하는 점포는 백화점과 관련된 상표들인 것으로 나타나, 백화점의 고객관계가 가장 현실적으로 이루어지고 또 소비자가 그것에 영향을 받고 있다는 점을 다시 한 번 알 수 있었다. 백화점에 있는 상표들 외에 다른 점포에 있는 상표들에 대한 고객관계를 가지고 있는 소비자의 수는 아주 미비했다. 백화점에 있는 내셔널 상표에 대한 고객관계를 가지는 응답자가 가장 많았고(95명, 41.6%), 그다음으로는 백화점에 있는 수입 상표에 대한 고객관계를 가지는 소비자가 많은 것으로 나타났으며(29명, 13.1%), 그다음으로 중저가 상표(28명, 12.2%), 디자이너 상표(12명, 5.4%)의 순으로 빈도수가 작게 나타났고, 백화점의 자체 상표(유통업자 상표, PB)의 경우(5명, 2.3%)는 가장 낮은 빈도를 보여, 백화점이 가장 고객관리를 활발하게 하고 있는 것으로 생각된다. 그 외의 다른 점포유형에 있는 상표에 대해 고객관계를 가지고 있는 소비자의 수는 적었다.

전체적으로 볼 때, 특정 점포에 대한 고객관계를 가지고 있는 소비자가 가장 많았고, 그다음으로 특정 점포의 특정 상표에 대한 관계 소비자가 많은 것으로 나타났으며, 특정 점포의 특정 상표에 대해 고객관계를 가지고 있는 소비자는 가장 적게 나타났다. 이러한 결과로 미루어 볼 때 패션상품 소비자는 상표에 대한 고객관계보다는 특정 점포에 대한 고객관계가 더 일반적인 것으로 나타났으며, 특정 상표에 대한 고객관계를 가지더라도 그 상표가 있는 특정 점포에 대해서 고객관계를 가지는 소비자가 많은 것으로 나타나 상표충성도 개념을 측정할 때 점포를 고려하면서 상표에 대한 충성도 개념을 측정하는 것이 적합할 수 있다는 점을 확인해 주었다.

제2절 관계혜택 지각

본 절에서는 패션상품 소비자가 관계마케팅에 대해서 어떠한 관계혜택을 지각하고 있는지를 알아보았고, 고객관계를 가지고 있는 소비자와 고객관계를 가지고 있는 않는 소비자의 관계혜택 지각 차이 및 소비자 특성에 따른 관계혜택 지각 차이정도를 분석하였다.

1. 관계혜택 지각 차원

관계혜택 지각이 장기적 관계지향성에 미치는 영향에 대한 경로모형을 구성하기 위해서 관계혜택 지각에 대한 탐색적 요인분석을 하였다. 최종적으로 검증할 모형의 적합도를 높이기 위해서 1차 요인분석을 한 결과를 보고 고유치가 0.6 이하로 설명변량이 낮게 나온 문항에 대해서는 제거하는 작업을 한 후 다시 2차 요인분석을 한 결과, 패션점포의 소비자가 패션점포와의 고객관계를 통해서 얻을 수 있다고 지각하는 관계혜택은 모두 5가지 요인으로 나타났다. 각각의 차원은 '정보적 혜택', '심리적 혜택', '특별대우 혜택', '경제적 혜택', '사회적 혜택'으로 명명하였으며, 5가지 관계혜택 요인의 전체분산은 62.93%였다. 전체 관계혜택문항에 대한 요인분석 결과는 다음 [표 4-5]와 같다.

1) 정보적 혜택

첫 번째 관계혜택은 여러 가지 방법을 이용하여 고객에게 꾸준히 연락하면서 패션상품 구매에 도움이 되는 정보를 알려주는 것과 관련된 혜택으로 '정보적 혜택'이라고 명명하였다. 최근에는 IT기술의 발달로 소비자가 직접 쇼핑하러 점포에 나오지 않더라도 점포는 항상 소비자에게 접근할 수 있고, 그러한 접근이 과거처럼 단순히 안부를 묻는 차원에서 벗어나 소비자의 쇼핑에 직접적인 도움이 될 뿐 아니라 구매 욕구를 자극하는 정보를 전달해준다. 이러한 정보제공을 통해 특정 점포는 고객에게 보다 더 적절하고 만족스러운 구매를 할 수 있도록 도와주고 있으며, 고객은 이러한 정보적 혜택을 고객관계의 첫 번째 중요한 요인으로 지각하고 있었다.

바빠서 쇼핑을 통해서 정보탐색 할 시간이 없는 소비자에게 이러한 정보적 혜택은 쇼핑에 투자하는 직접적인 시간이나 경비를 줄일 수 있다는 장점으로 인식되고 있었다.

[표 4-5] 관계혜택 지각 요인분석 결과

혜택 차원	문 항 내 용	요인 부하량	고유치	설명 변량	누적 변량
정보적	• 고객에게 홈 페이지나 이메일, 핸드폰 같은 정보기술을 이용하여 쇼핑 정보를 제공한다.	0.835			
	• 이 점포는 나에게 지속적으로 연락을 취한다. (전화, 이메일, 우편물 등)	0.771			
	• 점포의 지속적인 연락(메일, 우편, 전화) 때문에 구매에 도움 되는 정보를 얻을 수 있다.	0.740	3.741	16.263	16.263
	• 이 점포는 신상품에 대한 정보를 미리 알려준다.	0.720			
	• 이 점포는 세일에 관한 정보를 미리 알려준다.	0.675			
	• 전에 내가 구매한 정보를 이용하여 다음 쇼핑에 대한 정보를 제공해준다.	0.643			
심리적	• 이 점포에 들어서면 마음이 편안해진다.	0.760			
	• 이 점포의 고정고객이 되는 것은 쇼핑할 때 심리적 안정감을 준다.	0.729			
	• 이 점포는 고정고객에게 더 많은 것을 구매하도록 부담을 주는 언행을 하지 않는다.	0.715	3.352	14.575	30.838
	• 이 점포는 구매목적이 아닌 방문도 반갑게 맞이해준다.	0.675			
	• 이 점포는 구매 후 교환이나 환불에 대해 전혀 부담스럽지 않게 원하는 대로 해준다.	0.636			
특별대우	• 이 점포의 종업원은 나에게 다른 손님과 다른 특별한 대우를 해준다.	0.762			
	• 이 점포는 쇼핑 시 내가 원하는 서비스만을 적절하게 제공한다.	0.715			
	• 이 점포는 다른 손님보다 고정고객인 나를 더 잘 배려 해 주는 것 같다	0.711	3.329	14.476	45.314
	• 나에게 꼭 필요한 제품을 내 입장에서 생각하고 제시해준다.	0.695			
	• 고정고객에게는 가끔 가격할인을 해준다.	0.665			

혜택 차원	문 항 내 용	요인 부하량	고유치	설명 변량	누적 변량
경 제 적	· 점포의 고정고객이 됨으로써 쇼핑이 보다 편리해졌다.	0.854			
	· 특정 점포와 고정 고객관계를 형성하면 쇼핑시간이 절약된다.	0.817			
	· 매번 다른 곳에서 구매하는 것보다는 특정 점포의 고정 고객이 되는 것이 더 편리하다	0.713	2.632	11.442	56.756
	· 이 점포에서 제공하는 정보나 조언 때문에 많은 도움을 얻는다.	0.643			
사 회 적	· 나는 이 회사의 종업원과 따로 전화를 하거나 만나기도 한다.	0.825			
	· 나는 종업원의 개인적 신상에 대해 알고 있으며 관심을 가지고 있다.	0.666	1.419	6.169	62.925

2) 심리적 혜택

두 번째 요인은 심리적인 것과 관련된 요인으로 다른 점포보다는 고객관계가 있는 점포에 들어설 때 마음이 편안해 지는 것, 점포에서 쇼핑할 때 즐거운 느낌이 드는 것 등과 관련된 문항으로 이루어졌으므로 '심리적 혜택'이라고 명명하였다. 대부분의 소비자들이 쇼핑을 할 때 많은 새로운 점포들을 접하면서 약간의 두려움과 불안함, 또는 구매결정에 따른 위험지각을 하고 있었으며 이러한 심리적 불안감을 어느 정도 해소시켜주는 점포의 고객관계를 점포가 주는 혜택 중 하나로 지각하고 있었다. 일반적인 제품과 비교해볼 때, 패션상품의 구매는 사회심리적인 측면과 많은 관련이 있으므로(이은영, 1997), 소비자는 구매를 하는 동안 또는 구매를 하고 나서도 어느 정도 불안감을 가지고 있다. 그러나 소비자가 고객관계를 가지게 되면 패션상품 쇼핑

시 발생할 수 있는 불안감이 줄어들고, 편안하게 둘러보며 쇼핑할 수 있으며, 결과적으로 쇼핑하는 과정이 즐거움으로 인식된다고 생각하고 있었다.

일반 소비자들은 패션 점포를 둘러볼 때 구매와 관련된 브담을 갖게 된다. 특히, 마음에 드는 제품을 시착하고 싶어도 그매 부담을 느껴 선뜻 시착을 하지 못한다. 본 연구의 응답자들은 고객관계를 갖는 점포에서는 마음 편히 여러 제품들을 둘러브고 시착을 해보더라도 구마를 해야 할 부담을 덜 느끼며 이 겁을 관계혜택으로 지각하고 있는 것으로 나타났다.

3) 특별대우 혜택

패션점포의 소비자들이 지각하는 관계혜택의 요인 중 세 넌째 요인은 점포의 판매원이나 점포자체에서 고객에게 제공하는 특별한 혜택 및 편의에 관련된 문항들로 구성되어 '특별대우 혀택'이라고 명명하였다. 특별대우 혜택은 일반 소비자와는 다른 '특별한 대우'에 대해서 중요하게 지각하고 있는 것을 말한다. 이 혜택에는 고정고객으로서 특별한 배려 외에 원하는 서비스만 제공하는 것, 고객의 입장에서 제품을 제시하는 것, 특별한 가격할인 등에 대한 문항이 포함되었으며, 이렇게 고객이 특별한 디우를 받고 있는 것을 관계에 따른 혜택이라고 소비자는 지각한다.

이러한 특별대우 혜택에 대해서 관계마케팅 현상적으로 살펴보면, 최근 2-3년간의 계속되는 경기침체 및 시장성숙화로 인한 과다경쟁 상황에서 벗어나기 위해 패션관련 유통업체에서 실행하고 있거나 계획하고 있는 마케팅 전략 중 하나가 특별대우 혜택과 관련된 것이다. 예를 들어 백화점의 경우 VIP고객의 프리

미엄 우대 서비스, 귀족 마케팅, VIP 마케팅 등은 중요한 고객을 특별하게 관리하고 특별대우 한다는 개념과 관계가 밀접하다고 할 수 있다.

4) 경제적 혜택

네 번째 요인은 고객관계를 맺음으로써 쇼핑이 편리해지고, 쇼핑시간이 절약되며, 고객관계를 통해 많은 정보나 조언을 얻을 수 있는 등 여러 가지 경제적 이점과 관련된 문항으로 이루어졌으므로 '경제적 혜택'이라고 명명했다. '정보적 혜택'은 소비자가 특정 점포와 고객관계를 맺음으로써 얻는 정보 때문에 보다 나은 쇼핑을 하고 적절한 구매결정을 하는 데 도움을 받는 내용과 관련이 있는데 비해 '경제적 혜택'은 고객관계를 맺음으로써 쇼핑하는 시간이 절약되거나 구매결정과정이 단축되는 이점과 관련된 것 이라고 생각 할 수 있다. 소비자는 고객관계를 맺고 있는 점포가 자신의 과거 구매에 대한 기록을 가지고 있으며, 그것을 바탕으로 자신의 스타일에 대해 잘 알고 있으니 다음 구매결정과정에서 적절한 조언을 신속하게 얻을 수 있다고 생각하며 이러한 것을 혜택으로 지각하고 있었다.

5) 사회적 혜택

다섯 번째 혜택은 고객이 점포의 구성원과 형성하는 개인적인 친분관계와 관련된 문항으로 이루어졌으므로 '사회적 혜택'이라고 명명했다. 외국 연구의 경우 관계혜택에 사회적인 혜택에 초점이 맞추어져 있는 데 비해, 우리나라의 패션상품 소비자에 대한 관계혜택에서 사회적 혜택은 그다지 높은 중요성을 가지지 않은 것으로 나타났다. Beatty(1996)의 연구에서도 관계를 맺지 하면서 얻게 되는 혜택에 있어서 사회적 혜택보다 보다 기능적인 혜택이 중요함을 강조하였다.

특정 점포수준에 대한 연구에서, 디자이너 점포의 경우 샵마스터(shop master)와 고객 간의 개인적인 관계가 형성되어 사회적 혜택이 중요하게 나타났지만, 본 연구에서는 백화점의 내셔널 브랜드와 고객관계를 가진 응답자가 많았고, 응답자의 연령, 수입 같은 인구 통계적 특성이 디자이너 점포 고객의 인구 통계적 특성과 다르기 때문에 상이한 결과가 나타난 것으로 추측된다. 소비자가 고객관계를 가지고 있는 점포의 종업원과는 따로 만남의 기회를 가질 수 있으며, 종업원은 나에 대한 개인적 신상정보를 알아서 나에게 관심을 기울이며 나와 친밀한 교우관계를 형성하려고 노력하는 점을 관계혜택으로 지각하고 있었다.

2. 관계혜택 지각차원에 대한 신뢰도 및 타당도 분석

관계혜택 지각차원에 대한 요인별 신뢰성 분석을 통해서 내적 일관성 여부를 알아본 결과, 사회적 혜택 차원을 제외한 나머지 4가지 차원의 신뢰도가 0.6 이상으로 신뢰할만하였다[표 4-6].

[표 4-6] 관계혜택 지각 차원의 신뢰도 분석 결과

요 인	문항 수	신뢰도 (Cronbach's α)
정보적 혜택	6	0.87
심리적 혜택	5	0.82
특별대우 혜택	5	0.86
경제적 혜택	4	0.80
사회적 혜택	2	0.54

따라서 신뢰도가 너무 낮은 사회적 혜택 지각은 제외하고 관계혜택 지각 차원 모두에 대한 확인적 요인분석을 실시한 결과 $x^2 = 607.953$, GFI=0.90, AGFI=0.87로 나타나, 비교적 적합한 것으로 나타났다[표 4-7]. 각 요인별 확인적 요인분석 결과는 <부록 2>에 수록했다.

[표 4-7] 관계혜택 지각에 대한 확인적 요인분석 결과

요 인	최초 항목	최종 항목	GFI	AGFI	NFI	x^2	p
정보적 혜택	6	6	0.96	0.90	0.950	70.447	0.000
심리적 혜택	7	5	0.94	0.82	0.921	79.626	0.000
특별대우 혜택	9	5	0.98	0.94	0.979	26.117	0.000
경제적 혜택	7	4	0.99	0.97	0.991	6.727	0.035
전체 모형	29	20	0.90	0.87	0.89	607.953	0.000

3. 관계 유무에 따른 관계혜택 지각의 차이

관계의 유무에 따라 소비자를 분류한 후 두 집단의 5가지 관계혜택의 평균 차이를 검증해 보았다. 그 결과는 다음 [표 4-8]과 같다.

관계 소비자집단과 비관계 소비자집단은 5가지 관계혜택 요인 중에서 사회적 요인을 제외한 4 요인에서 유의한 차이를 보였는데, 고객관계를 가지고 있는 소비자가 고객관계를 가지고 있지 않는 소비자에 비해 유의하게 높은 관계혜택 지각정도를 나타내었다. 이러한 결과에서 관계혜택에 대한 지각정도가 고객관계의 유지경향과 상당한 관련성이 있음을 알 수 있다. 사회적 혜택의 경우 고객관계가 있는 소비자와 고객관계가 없는 소비자 간의 지각차이를 밝히지 못한 것으로 보아, 패션상품 소비자의 경우 사회적 혜택이 관계혜택에서 중요한 비중을 차지하지는 못하는 것으로 해석된다. 이러한 결과에 따라서 사회적 혜택요인은 다음 절의 관계혜택과 장기지향성의 관계에 대한 분석에서 제외시키기로 하였다.

[표 4-8] 관계 유무에 따른 관계혜택 지각 차이

집단 평균 관계혜택	평 균		t
	고객관계가 있는 소비자	고객관계가 없는 소비자	
정보적 혜택	4.6293	4.1977	4.693***
심리적 혜택	4.8367	4.2627	7.696***
특별대우 혜택	4.4030	3.9144	5.783***
경제적 혜택	5.1912	4.7341	5.897***
사회적 혜택	2.7620	2.6441	1.320

*** P<0.001

4. 소비자 거래 성향과 관계혜택 지각

3가지 소비자 거래 성향(사회성 경향, 관리 선호 경향, 가격 중시 경향)에 따라 관계혜택의 지각정도에 차이가 있는 지 알아보기 위해서 거래 성향과 관계혜택에 대해 Pearson 상관분석을 실시하였다[표 4-9].

사회성 경향은 5가지 관계혜택과 유의미한 정적 상관이 있는 것으로 나타나 사회성이 강한 소비자일수록 관계혜택에 대한 지각정도가 높은 것을 알 수 있다. 집단 안에서 사람들과 어울리기를 좋아하고, 다른 사람들과 지속적으로 알고 지내는 것을 편하게 생각하며, 쇼핑할 때 다른 사람의 대접을 받는 것을 선호하는 소비자일 경우 고객관계에 따른 관계혜택을 강하게 지각하는 것으로 생각할 수 있다. 즉, 소비자의 성격특성 중 한부분인

사회성 경향이 관계혜택의 지각과 관계가 있음을 밝혀냈고, 이
는 사회성이 장기적 관계지향성에도 어떠한 영향을 미칠 것을
암시해 주었다.

[표 4-9] 거래 성향과 관계혜택의 상관관계

관계혜택	관 계 혜 택				
	정보적 혜택	심리적 혜택	특별대우 혜택	경제적 혜택	사회적 혜택
거래 성향	Pearson의 상관계수				
사회성	0.165**	0.206**	0.208**	0.205**	0.111**
관리 선호	0.504**	0.393**	0.488**	0.440**	0.324**
가격 중시	0.056	0.064	0.052	0.095*	0.023

*. 상관계수는 0.05 수준에서 유의함.
**. 상관계수는 0.01 수준에서 유의함.

관리 선호 경향 또한 5가지 관계혜택과 유의미한 정적 상관이
있는 것으로 나타났다. 관리 선호는 점포의 고객관리에 대해 관
심이 있으며, 고객관계에 대한 관리를 필요로 하고 중요시하는
정도이므로 관리 선호가 높은 소비자일수록 관계혜택에 대한 지
각이 높아진다고 생각할 수 있다.

가격 중시 경향은 경제적 혜택 요인에서만 유의미한 정적인
상관이 나타났다. 고객관계를 가지는 것보다는 저렴한 가격에
구매하는 것을 중시하는 소비자의 경우 다른 관계혜택보다는 특
히 경제적 혜택만을 중요하게 지각하는 것으로 생각할 수 있다.

이러한 결과들을 요약해보면, 소비자들의 거래 성향(사회성 경
향, 관리 선호 경향, 가격 중시 경향)은 관계혜택 지각과 유의한

상관이 있으므로, 소비자의 거래. 성향에 따라서 관계혜택이 장기적 관계지향성에 영향을 미치는 과정에 차이가 있을 것으로 예상된다.

제3절 관계혜택이 장기적 관계지향성에 미치는 영향

본 절에서는 패션상품 소비자의 관계혜택 지각이 장기적 관계지향성에 이르는 과정에서 매개변수인 만족, 신뢰, 몰입에 대한 탐색적 요인분석을 하였고, 변수들의 신뢰도과 타당성을 검토해보았으며, 이를 바탕으로 장기지향성 형성 과정에 대한 이론적 모형을 검증하였다.

1. 구매 후 태도 차원

관계혜택이 장기적 관계지향성에 이르는 과정에 대한 이론적 모형을 검증하기에 앞서 모형에 포함된 변수들 중 구매 후 태도에 대한 탐색적 요인분석을 실시하였다. 연구의 이론적 모형을 검증하기에 앞서 모형에 포함된 각 요인들의 하위변수에 대한 단일 차원성(unidimentionality) 여부를 판단하기 위해서 베리멕스 회전 방법에 의한 탐색적인 요인분석(EFA: Exploratory Factor Analysis)을 실시하였다. 초기 설문지에서 1차 탐색적 요인분석을 실시한 후 문항의 정제를 위해 요인 부하량이 0.6 이하가 되는 것은 제외한 후 다시 탐색적 요인분석을 한 결과 구매만족, 서비스만족, 신뢰, 몰입 차원이 밝혀졌다.

소비자들이 패션점포에서 구매를 한 후 점포에서 제공하는 고객관계관리에 대한 구매 후 태도를 요인분석 한 결과 4가지 차원이 밝혀졌으며 총 설명 분산은 72.40%인 것으로 나타났다. 4가지 차원은 각각 거래관족, 서비스만족, 신뢰, 몰입 요인이며, 각 요인에 해당되는 문항은 다음 [표 4-10]과 같다.

1) 신 뢰

첫 번째 구매 후 태도 요인은 점포에 대한 믿음, 신뢰, 점포의 정직성, 진실한 인상 등에 대한 문항으로 이루어졌으므로 '신뢰'라고 명명하였다. 신뢰 요인은 구매 후 태도 요인 중에서 설명 변량이 가장 큰 것으로 나타났다.

2) 몰 입

구매 후 태도에 대한 두 번째 요인은 특정 점포와 장기적 관계를 갖는 것에 대한 중요성, 점포에 대한 애착심, 점포와의 고객관계에 대한 중요성 등에 관한 문항으로 이루어졌으므로 '몰입'이라고 명명하였다.

[표 4-10] 구매 후 태도 요인분석

차 원	문 항 내 용	요인 부하량	고유치	설명 변량	누적 변량
신 뢰	· 나는 이 점포를 믿을 수 있다. · 이 점포를 신뢰한다. · 사소한 불평불만이라도 성심성의껏 처리한다. · 이 점포는 단골고객에게 정직하다. · 이 점포는 항상 신뢰할 수 있다. · 이 점포에서는 돈을 지출할 가치가 있다. · 이 점포는 진실한 인상을 준다.	0.793 0.791 0.745 0.731 0.692 0.668 0.663	5.007	26.354	26.354
몰 입	· 이 점포와 장기적 관계를 유지하는 것이 나에게는 중요한 일이다. · 내가 고정고객이기 때문에 꼭 필요하지 않지만 이 점포에서 구매해 주는 경우도 있다. · 나는 이 점포에 대해 애착심이 있다. · 나는 이 점포와의 고객관계를 중요하게 생각한다. · 가격이 조금 더 비싸지더라도 이 점포에서 구입하는 것이 이익이라고 생각한다. · 이 점포와의 장기적 고객관계를 갖는 것이 중요한 일이다.	0.772 0.695 0.675 0.657 0.623 0.597	3.355	17.659	44.013
거래 만족	· 이 점포와 거래를 한 후 후회한 적이 별로 없다. · 나는 이 점포의 고정고객인 것에 만족한다. · 이 점포와의 구매경험 결과 만족한다.	0.790 0.757 0.713	2.812	14.800	58.813
서비스 만족	· 점포의 종업원들이 마음에 든다. · 이 점포의 고객관리에 만족한다. · 이 점포는 단골고객에게 적절한 서비스를 수행한다.	0.788 0.740 0.699	2.582	13.590	72.404

3) 거래만족

만족에 대한 문항은 두 개의 요인으로 나누어졌고, 그 중 하나는 점포와의 거래를 한 후 만족한 정도, 점포의 고정고객인 것에 대한 만족 정도, 구매 경험 결과 만족한 정도에 관한 둔항으로 구성되었으므로 '거래만족'이라고 명명하였다.

4) 서비스만족

네 번째 요인은 만족에 대한 문항 중에서 점포의 종업원 및 서비스에 대한 만족도에 대한 문항으로 구성되었으므로 '서비스만족'이라고 명명하였다.

5) 구매 후 태도에 대한 신뢰도와 타당도 분석

구매 후 태도에 대한 요인별 신뢰성 분석을 통해서 내적 일관성 여부를 알아본 결과, 4가지 차원 모두 신뢰도가 0.6 이상으로 신뢰할만하였다[표 4-11].

[표 4-11] 구매 후 태도 신뢰도 분석 결과

요 인	문항 수	신뢰도 (Cronbach's α)
거래만족	3	0.87
서비스만족	3	0.84
신뢰	7	0.94
몰입	6	0.86

구매 후 태도 4가지 차원에 대한 확인적 요인분석을 실시한 결과 $x^2 = 613.302$, GFI=0.89, AGFI=0.86으로 나타나, 비교적 적합한 것으로 나타났다[표 4-12]. 각 요인별 확인적 요인분석 결과는 <부록 3>에 수록했다.

[표 4-12] 구매 후 태도 확인적 요인분석 결과

요 인	최초항목	최종항목	GFI	AGFI	NFI	x^2	p	비 고
거래만족	5	3	1.00	–	1.00	0.00	0.000	포화모형
서비스만족	4	3	1.00	–	1.00	0.00	0.000	포화모형
신뢰	12	7	0.90	0.79	0.934	209.609	0.000	
몰입	10	6	0.97	0.93	0.967	53.221	0.000	
전체 모형	31	19	0.89	0.86	0.92	613.302	0.000	

2. 장기적 관계지향성 차원

소비자들이 패션점포에서 구매를 한 후 고객관계를 형성하게 되면서 결과적으로 나타날 수 있는 관계 결과로서 장기적 관계지향성을 요인분석 한 결과 3가지 차원이 밝혀졌으며 총 설명분산은 72.28%인 것으로 나타났다. 3가지 차원은 각각 반복 구매 및 구전 의도, 관계 유지 의도, 관계 전환 의도이었으며, 각 요인에 해당되는 문항내용은 다음 [표 4-13]과 같다.

1) 장기적 관계지향성 요인분석 결과

첫 번째 요인은 특정 점포와의 고객관계를 계속 유지할 의향이나 다음 구매 시에도 동일 점포를 이용한다는 내용 및 다른 사람들에게의 구전 의도 등에 대한 내용을 포함하였으므로 '반복 구매 및 구전 의도'라고 명명하였다.

[표 4-13] 장기적 관계지향성 요인분석

차 원	문 항 내 용	요인 부하량	고유치	설명 변량	누적 변량
반복 구매 및 구전 의도	• 이 점포와의 고객관계를 계속 유지할 의향이 있다.	0.861			
	• 다음 구매할 때도 이 점포를 이용할 것이다.	0.850			
	• 다른 사람이 조언을 구한다면 이 점포를 적극 추천할 것이다.	0.802	3.005	33.388	33.388
	• 이 점포에 대해 다른 사람들에게 선전 할 것이다.	0.693			
관계 유지 의도	• 이 점포와의 고객관계를 발전시키기 위해 돈과 시간을 투자할 의향이 있다.	0.859			
	• 단골 점포의 가격이 비슷한 제품을 파는 다른 곳보다 비싸더라도 쇼핑 하게 된다.	0.765	2.197	24.415	57.303
	• 점포가 옮기더라도 기꺼이 찾아갈 것이다.	0.688			
관계 전환 의도	• 이 점포를 이용하더라도 항상 다른 더 나은 점포가 없나 들러 볼 것이다.	0.846			
	• 쇼핑 시 문제가 발생하면 이 점포에서 해결하기보다는 다른 점포로 옮기는 게 낫다.	0.754	1.303	14.478	72.280

두 번째 요인은 점포와의 관계를 계속 발전시키기 위해서 돈

과 시간을 투자하겠다는 의향 및 다른 곳보다 가격이 비싸더라
도 계속 점포를 이용할 것이라는 의향 등에 관한 내용이 있으므
로 '관계 유지 의도'라고 명명하였다. 세 번째 요인은 특정 포와
고객관계를 가지고 있더라고 항상 다른 더 나은 점포가 없나 둘
러보는 내용과 관련 있으므로 '관계 전환 의도'라고 명명하였다.
여기에는 쇼핑 시 문제가 발생하였을 경우 해당 점포에서 문제
를 해결하려고 하기보다는 다른 점포로 쇼핑장소를 쉽게 옮기려
고 하는 의도를 포함한다.

2) 신뢰도 및 타당도 분석

장기적 관계지향성에 대한 요인의 신뢰도 분석 결과는 다음
[표 4-14]와 같다.

[표 4-14] 장기적 관계지향성 신뢰도분석

요 인	문항 수	신뢰도 (Cronbach's α)
반복 구매 및 구전 의도	4	0.87
관계 유지 의도	3	0.82
관계 전환 의도	2	0.45

3가지 요인 중에서 관계 전환 의도에 대한 신뢰도가 0.6 이하
로 낮게 나와서 확인적 요인분석에서 제외시켰고, 나머지 두 요
인에 대한 확인적 요인분석 결과는 다음 [표 4-15]와 같다.

[표 4-15] 장기적 관계지향성 확인적 요인분석 결과

요 인	최초 항목	최종 항목	GFI	AGFI	NFI	χ^2	p
반복 구매 및 구전 의도	4	4	0.82	0.64	0.825	354.577	0.000
관계 유지 의도	3	3	0.96	0.81	0.964	42.92	0.000
전체 모형	7	7	0.94	0.88	0.943	114.779	0.000

장기적 관계지향성 2가지 차원에 대한 확인적 요인분석을 실시한 결과 $\chi^2=114.779$, GFI=0.94, AGFI=0.88로 나타나, 모형이 비교적 적합한 것으로 나타났다[표 4-12]. 각 요인별 확인적 요인분석 결과는 <부록 3>에 수록했다.

3. 관계혜택이 장기적 관계지향성에 미치는 영향에 대한 이론적 도형의 검증

여기에서는 관계혜택이 장기적 관계지향성에 미치는 영향에 대한 이론적 모형을 검증하기 위해서 모형에 포함된 전체 요인들에 대한 신뢰도 분석과 확인적 요인분석을 하였고, 전체 모형의 적합도를 살펴보았다.

1) 신뢰성과 타당도 분석

각 요인별 신뢰성 분석을 통해서 내적 일관성여부를 판단하였

다. 요인분석에서의 요인 적재 값은 0.6 이상의 문항만을 선택하여 반복해서 요인분석을 하였고, 모형에 포함된 전체요인에 대한 신뢰도 분석 결과는 [표 4-16]과 같다. 신뢰도가 만족스럽지 않은 사회적 혜택과 기회주의 요인은 경로모형에 포함될 경우 적합도가 낮을 것으로 예상되므로 다음 확인적 요인분석에서 제외되었다.

신뢰도 분석을 실시한 다음 전체 모형을 구성하는 구성개념(요인)별로 확인요인분석(CFA: Confirmatory Factor Analysis)을 실시하였다. 이 분석은 모형내의 구성개념들 간의 단일 차원성을 저해하는 항목을 발견하고 제거하는 데 그 목적이 있다(김계수, 2004). 각 요인별 최적 상태는 다음의 적합도 지수를 통해서 평가하였다.

[표 4-16] 전체 요인에 대한 신뢰도 분석 결과

요 인	탐색적 요인분석 결과 문항 수	확인적 요인분석 결과 문항 수	신뢰도 (Cronbach's α)
정보적 혜택	6	6	0.87
심리적 혜택	7	5	0.82
특별대우 혜택	9	5	0.86
경제적 혜택	7	4	0.80
사회적 혜택	5	2	0.54
거래만족	5	3	0.87
서비스만족	4	3	0.84
신뢰	12	7	0.94
몰입	10	6	0.86
관계 전환비용*	4	3	0.74
반복 구매 및 구전 의도	4	4	0.87
관계 유지 의도	4	3	0.82
관계 전환 의도	2	2	0.45

* 관계 전환비용 변수는 다차원이 아니므로 탐색적 요인분석 과정 생략
하고 바로 신뢰도 분석으로 들어감.

즉, GFI(Goodness-of-Fit Index: ≥ 0.90 이상이면 적합도가 우수한 모형임), AGFI(Adjusted Goodness-of-fit Index: ≥ 0.90 이상이면 적합도가 우수한 모형임), NFI(Normed Fit Index: ≥ 0.90이면 적합도가 우수한 모형임), χ^2에 대한 p값($\geq \alpha = 0.05$이면 적합도가 우수한 모형임) 등을 이용하여 적합도를 평가하였다. 각 요인별 확인요인분석 결과는 다음 [표 4-17]과 같다

사회적 혜택 요인과 전환 의도 요인은 신뢰도가 기준치(0.6)보다 낮게 나왔고, 이 두 요인을 제외한 나머지 요인들은 확인적

142

요인분석 한 결과 적합도 평가기준이 대체로 만족스러운 것으로
나타났다. 따라서 신뢰도가 너무 낮게 나온 사회적 혜택 요인과
전환 의도 요인은 다음부터의 분석에서 제외시켰다.

[표 4-17] 전체 요인에 대한 확인적 요인분석 결과

요　인	최초 항목	최종 항목	GFI	AGFI	NFI	χ^2	p	비　고
정보적 혜택	6	6	0.96	0.90	0.950	70.447	0.000	
심리적 혜택	7	5	0.94	0.82	0.921	79.626	0.000	
특별대우 혜택	9	5	0.98	0.94	0.979	26.117	0.000	
경제적 혜택	7	4	0.99	0.97	0.991	6.727	0.035	
거래만족	5	3	1.00	-	1.00	0.00	0.000	포화모형
서비스만족	4	3	1.00	-	1.00	0.00	0.000	포화모형
신뢰	11	7	0.90	0.79	0.934	209.609	0.000	
몰입	7	6	0.97	0.93	0.967	53.221	0.000	
관계 전환비용	4	3	0.94	0.70	0.874	63.52	0.000	
반복 구매 및 구전 의도	4	4	0.82	0.64	0.825	354.577	0.000	
관계 유지 의도	3	3	0.96	0.81	0.964	42.92	0.000	

요인별 단일차원을 확인하고 각 요인 사이의 관련성 정도 및
방향성을 파악하기 위해서 관계혜택과 장기적 관계지향성에 대
한 이론적 모형에 포함된 모든 요인들 사이에 상관분석을 실시
한 결과 모든 변수들 간 상관관계가 p<0.01 수준에서 유의하게
나타났다[표 4-18].

표에서 살펴보면, 정보적 혜택, 심리적 혜택, 특별대우 혜택,

경제적 혜택은 거래만족 및 서비스만족, 신뢰, 몰입, 반복 구매 및 구전 의도, 관계 유지 의도와의 관계가 일관되게 양의 상관관계를 보이고 있어 본 연구의 연구방향과도 일치하는 것을 알 수 있다.

[표 4-18] 요인들 간의 상관관계

요 인	평 균	표준 편차	1	2	3	4	5	6	7	8	9	0
1.정보적	4.629	1.201	1									
2.심리적	4.837	0.942	0.438	1								
3.특별대우	4.403	1.094	0.553	0.501	1							
4.경제적	5.191	0.971	0.277	0.447	0.388	1						
5.거래만족	4.720	1.003	0.280	0.609	0.446	0.445	1					
6.서비스만족	4.564	0.971	0.400	0.557	0.520	0.414	0.610	1				
7.신뢰	4.767	0.932	0.415	0.675	0.502	0.412	0.723	0.699	1			
8.몰입	4.221	1.017	0.404	0.525	0.502	0.416	0.564	0.596	0.693	1		
9.관계 전환비용	3.702	1.089	0.253	0.250	0.361	0.277	0.307	0.327	0.319	0.528	1	
10.관계 유지 의도	4.641	0.956	0.260	0.536	0.362	0.387	0.579	0.523	0.659	0.622	0.339	1
11.관계투자	3.697	1.199	0.294	0.333	0.396	0.271	0.395	0.422	0.515	0.680	0.485	0.505

2) 관계혜택과 장기적 관계지향성에 대한 연구모형의 검증

이론적 모형에서 제시한 바와 같이 4개의 관계혜택, 구매만족, 서비스만족, 신뢰, 몰입, 장기적 관계지향성, 관계 전환비용 요인이 모형에 포함되어 검증되었다.

특히, 관계혜택의 5가지 차원 중에서 신뢰도가 낮은 사회적 차원을 제외한 4가지 차원이 평균점수로 계산되어 최종 경로모형에 포함되었고, 따라서 최종 경로모형에 포함된 요인의 수는 11개로 정해졌다.

본 연구의 앞에서 제시한 이론적 모형의 전체적인 구조모형을 검증한 결과, $\chi^2 = 369.562$, 자유도(df)$= 30$, p값$= 0.000$, GFI$=$
0.901, AGFI$= 0.781$, NFI$= 0.886$으로 나타났다. 각 요인들 간의
관계에 대한 연구가설의 검증결과는 다음 [표 4-19]와 같이 정리
할 수 있고, 모형의 검증결과에 따른 최종모형은 다음 [그림 4-1]
과 같다.

가설 1을 검증한 결과, 정보적 혜택 지각은 거래만족에 부적
영향을 미치는 것으로 나타났다. 특정 점포와의 고객관계를 통
해 정보적 혜택을 지각할수록 거래에 대한 만족은 낮다고 해석
할 수 있다.

[표 4-19] 각 요인들 간의 인과분석 결과

가 설	경 로	경로계수	표준오차	t값	채택여부
가설 1.	정보적 혜택→거래만족	-0.08	0.03	-1.92	채택
가설 2.	정보적 혜택→서비스만족	0.07	0.04	11.54	기각
가설 3.	정보적 혜택→신뢰	0.08	0.04	8.01	채택
가설 4.	심리적 혜택→거래만족	0.47	0.04	4.27	채택
가설 5.	심리적 혜택→서비스만족	0.33	0.04	5.96	채택
가설 6.	심리적 혜택→신뢰	0.26	0.04	5.02	채택
가설 7.	특별대우 혜택→거래만족	0.18	0.04	3.86	채택
가설 8.	특별대우 혜택→서비스만족	0.26	0.03	1.77	채택
가설 9.	특별대우 혜택→신뢰	0.02	0.03	10.42	기각
가설 10.	경제적 혜택→거래만족	0.19	0.03	8.96	채택
가설 11.	경제적 혜택→서비스만족	0.15	0.02	2.46	채택
가설 12.	경제적 혜택→신뢰	-0.02	0.03	7.21	기각
가설 13.	거래만족→신뢰	0.36	0.03	0.68	채택
가설 14.	서비스만족→신뢰	0.31	0.03	-0.53	채택
가설 15.	신뢰→몰입	0.63	0.03	21.07	채택
가설 16.	관계 전환비용→몰입	0.37	0.03	12.32	채택
가설 17.	몰입→반복 구매 및 구전 의도	0.60	0.04	20.12	채택
가설 18.	몰입→관계 유지 의도	0.66	0.03	17.25	채택

이러한 결과는 패션점포나 기업에서 각종 채널을 통해 고객에게 쇼핑정보나 세일정보, 구매 정도 등 다양한 정보를 제공하고 있어서 고객은 이를 혜택으로 지각하지만 이러한 혜택에 따른

거래자체에 대한 기대를 높게 가지기 때문에 실제 거래에서는 쉽게 만족하지 않는 것으로 해석할 수 있다. 가설 2를 검증한 결과, 정보적 혜택지각은 서비스만족에 유의한 영향을 미치지 않는 것으로 나타났다. 가설 1의 결과와 마찬가지로 정보적 혜택에 대한 지각이 높을수록 구매에 관련된 서비스에 대한 기대가 높아지므로 실제 구매 후 서비스에 대한 만족도는 오히려 낮아질 수 있다.

가설 3을 검증한 결과, 정보적 혜택 지각은 신뢰에 유의한 정적인 영향을 미치는 것으로 나타났다. 정보적 혜택 지각을 할수록 만족도는 오히려 낮아졌지만, 지속적인 정보제공은 고객으로 하여금 점포나 상표에 대한 신뢰도를 형성할 수 있다고 해석할 수 있다.

[그림 4-1] 이론적 모형의 검증결과

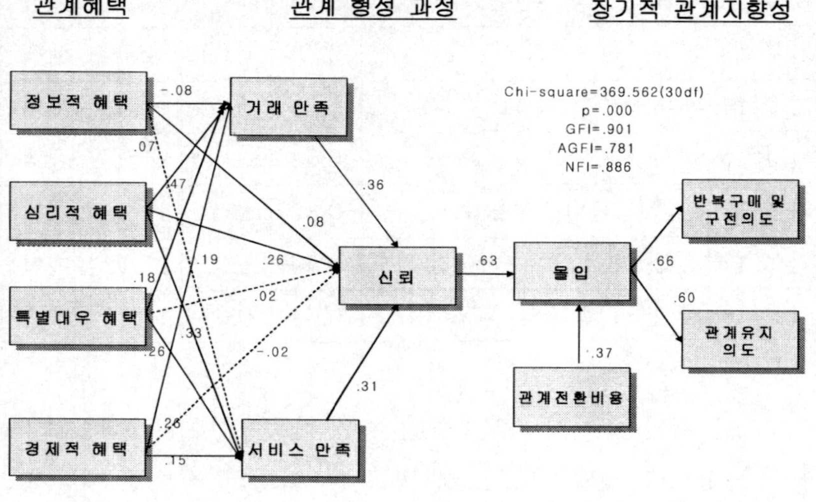

→채택된 경로, ┈►기각된 경로

가설 4와 5를 검증한 결과, 심리적 혜택 지각은 거래만족과 서비스만족에 유의한 정적인 영향을 미치는 것으로 나타났다. 고객관계를 통해 심리적인 혜택을 높게 지각할수록 거래만족이나 서비스만족이 높아진다고 할 수 있다. 가설 6을 검증한 결과, 심리적 혜택 지각은 신뢰에 유의한 정적인 영향을 미치는 것으로 나타났다. 고객관계를 통해 심리적 혜택을 높게 지각할수록 점포나 상표에 대한 신뢰도가 높아진다고 해석할 수 있다.

가설 7과 8을 검증한 결과, 특별대우 혜택 지각은 거래만족이나 서비스만족에 유의한 정적인 영향을 미치는 것으로 나타났다. 특별 고객으로서 혜택이 있다고 지각하는 정도가 강할수록 거래만족이나 서비스만족도가 높아진다고 해석할 수 있다.

가설 9를 검증한 결과, 특별대우 혜택은 신뢰에 유의한 영향을 미치지 않는 것으로 나타났다. 고객을 특별하게 대우해주고, 고정고객을 더 잘 배려래 주는 것이 고객으로 하여금 점포나 상표에 대한 신뢰도를 높게 형성하는 데 영향을 주지 않았다.

가설 10과 11을 검증한 결과, 경제적 혜택은 거래만족과 서비스만족에 유의한 정적인 영향을 미치는 것으로 나타났다. 그객관계를 통해 경제적 혜택이 있다고 지각할수록 거래만족과 서비스만족도가 높아진다고 할 수 있다.

가설 12를 검증한 결과, 경제적 혜택지각은 신뢰에 유의한 영향을 미치지 않는 것으로 나타났다. 관계혜택은 대부분 만족에 유의한 영향을 미치는 것으로 나타나 이러한 결과는 선행연구와도 일치한다(조은영, 구양숙, 2002; 주성래, 2002; Mercedes, 2004). 또한, 관계혜택 중 정보적 혜택과 심리적 혜택만이 신뢰에 유의한 영향을 미치는 것으로 나타나, 점포나 기업의 신뢰도를 높이는 데 정보적, 심리적 관계마케팅의 실행을 필요로 한다는 것을 알 수 있다.

가설 13과 14를 검증한 결과, 거래만족과 서비스만족은 신뢰에 유의한 정적인 영향을 미치는 것으로 나타났다. 거래만족이나 서비스만족도가 높을수록 점포나 상표에 대한 신뢰도가 높아진다고 할 수 있다. 이러한 결과는 만족이 신뢰에 정적인 영향을 미친다는 다른 선행연구 결과와도 일치한다(Gaby 외, 2003; Morgan & Hunt, 1994).

가설 15를 검증한 결과, 신뢰는 몰입에 유의한 정적인 영향을 미치는 것으로 나타나, 신뢰도가 높을수록 관계에 대한 몰입정도가 높아진다고 할 수 있다. 패션점포의 고객관계에 대한 주성래(2002)의 연구에서는 신뢰가 몰입에 직접적으로 영향을 미치지 않고, 접촉강도 라는 매개변수를 통해서 간접적으로 몰입에 영향을 미치는 것으로 나타났다.

가설 16을 검증한 결과, 관계 전환비용은 몰입에 유의한 정적인 영향을 미쳤다. 따라서 관계 전환비용을 할수록 관계에 대한 몰입정도가 높아질 것으로 예상할 수 있다.

가설 17을 검증한 결과, 몰입은 반복 구매 및 구전 의도와 관계 유지 의도에 유의한 정적인 영향을 미치는 것으로 나타났다. 따라서 관계에 대한 몰입정도가 강할수록 관계에 대한 지속적인 유지 의도나 관계에 대한 투자정도가 커질 것으로 예상된다.

결과를 종합해보면, 본 연구의 이론적 고찰을 바탕으로 구성했던 패션상품 소비자의 관계혜택 지각과 장기적 관계지향성에 대한 이론적 경로모형에서 3개의 경로를 제외한 나머지 경로가 채택되었다. 채택된 경로만을 포함한 수정된 최종모형은 다음 [그림 4-2]와 같다.

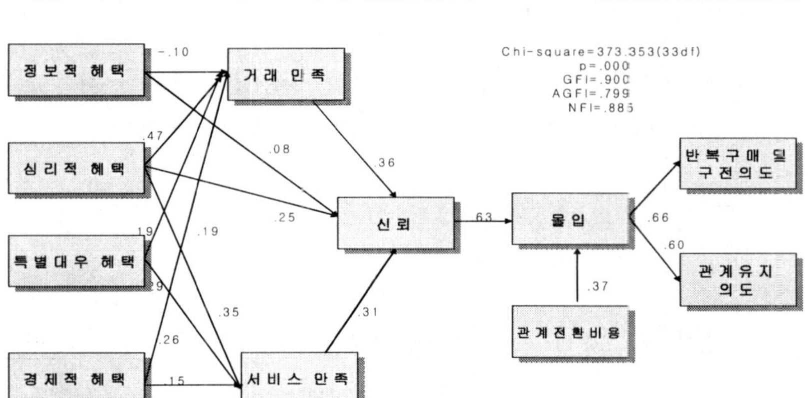

[그림 4-2] 수정된 모형

[표 4-20] 수정된 모형의 인과관계 결과

경　　로	경로계수	표준오차	t값	유의수준
정보적 혜택→거래만족	-0.102	0.031	-2.73	0.005
정보적 혜택→신뢰	0.082	0.021	2.974	0.003
심리적 혜택→거래만족	0.473	0.043	11.706	0.001
심리적 혜택→서비스만족	0.346	0.042	8.545	0.001
심리적 혜택→신뢰	0.249	0.034	7.319	0.001
특별대우 혜택→거래만족	0.192	0.038	4.589	0.001
특별대우 혜택→서비스만족	0.289	0.035	7.355	0.001
경제적 혜택→거래만족	0.187	0.039	5.024	0.001
경제적 혜택→서비스만족	0.147	0.038	3.872	0.001
거래만족→신뢰	0.361	0.032	10.612	0.001
서비스만족→신뢰	0.308	0.032	9.366	0.001
신뢰→몰입	0.625	0.030	21.051	0.001
관계 전환비용→몰입	0.366	0.026	12.317	0.001
몰입→반복 구매 및 구전 의도	0.596	0.034	17.245	0.001
몰입→관계 유지 의도	0.655	0.040	20.111	0.001

기각된 경로를 재외하고, 재분석 한 결과 수정된 최종모형의 적합도를 보면 $\chi^2 = 373.353(df = 33)$, p = .000, GFI = .900, AGFI = .799 인 것으로 나타나 모형이 어느 정도 적합도가 있는 것으로 나타났다. 모형에 포함된 각 변수에 대해서 경로계수와 유의수준은 [표 4-20]에 제시하였다.

제4절 소비자 구매 행동 특성에 따른
다중집단 분석

본 절에서는 연구 가설의 검증결과 채택된 경로만을 포함한 최종모형을 가지고 관계 대상이나 관계기간, 관여정도 등 소비자 특성에 따라서 관계혜택이 장기적 관계지향성을 형성 과정에 유의한 차이가 있는지 알아보고, 나아가 집단 간 경로 차이 분석을 위해서 Amos 5.0을 이용한 다중집단 분석(Multi Group Analysis)을 실시하였다.

1. 관계 대상에 따른 집단 비교

가설의 검증결과 수정된 최종모형을 가지고 점포에 대한 고객관계를 가지는 집단(n = 270)과 특정 점포에 있는 특정 상표에 고객관계를 가지고 있는 집단(n = 210)간 장기적 관계지향성 과정모형에 있어 유의미한 차이가 있는 지 알아보기 위해 다중집단 분석을 실시하였다. 점포에 대한 고객관계가 있는 집단을 자유모델(Unconstrained model)로 하고, 특정 점포에 있는 특정 상표에 고객관계가 있는 집단을 제약모델(Constrained model)로 정해서 두 모형의 적합도의 차이를 비교해보았다.

분석 결과, 두 집단의 장기적 관계지향성 경로모형이 유의한 차이가 있는 것으로 나타났다[표 4-21]. 두 집단에서 자유모델의 $\chi^2 = 307.256$, $df = 64$이고, 제약모델의 $\chi^2 = 351.012$, $df = 79$인 것으로 나타나, 자유도의 차이는 15, $\Delta\chi^2 = 43.755$이므로 두 집단의 차이는 통계적으로 유의하다고 할 수 있다(자유도가 15일 때, $\chi^2 = 25.00$이므로).

[표 4-21] 관계 대상에 따른 집단 간 경로 차이 검증

집단 간 차이 검증	X^2	Df	$\Delta X^2/\Delta F$	유의성
자유모델	307.256	68		
제약모델	351.012	53	473.755/15	YES
제약된 경로	X^2	Df	$\Delta X^2/\Delta F$	유의성
자유모델	307.256	64		
정보적 혜택→거래만족	309.730	65	2.474/1	NO
정보적 혜택→신뢰	307.279	65	0.023/1	NO
심리적 혜택→거래만족	310.058	65	2.801/1	NO
심리적 혜택→서비스만족	308.203	65	0.947/1	NO
심리적 혜택→신뢰	308.180	65	0.924/1	NO
특별대우 혜택→거래만족	309.071	64	1.814/1	NO
특별대우 혜택→서비스만족	310.361	65	3.105/1	NO
경제적 혜택→거래만족	314.280	65	7.023/1	**YES**
경제적 혜택→서비스만족	311.819	65	4.563/1	**YES**
거래만족→신뢰	318.280	65	10.951/1	YES
서비스만족→신뢰	308.829	65	1.573/1	NO
신뢰→몰입	308.671	65	1.415/1	NO
관계 전환비용→몰입	318.716	65	11.460/1	**YES**
몰입→반복 구매 및 구전 의도	307.431	65	0.175/1	NO
몰입→관계 유지 의도	310.097	65	2.840/1	NO

즉, 점포대상으로 고객관계를 가지고 있는 집단과 특정 점포에 있는 특정 상표와 고객관계를 가지고 있는 집단 간에 장기적 관계지향성 형성 과정에는 유의한 차이가 있다고 할 수 있다.

특히 어느 경로에서 유의한 차이가 있는 알아보기 위해서 경로 간 차이를 분석해 보기 위해 모형에 포함된 경로 15개 중에서 특정 경로에 대한 제약모델을 만든 후 자유모델과 제약도델의 χ^2값을 비교하여 각 경로 간 차이를 살펴본 다음 유의성을 검증하였다.

15개의 경로 중에서 경제적 혜택→거래만족, 경제적 혜택→서비스만족, 거래만족→신뢰, 관계 전환비용→몰입에 이르는 경로 등 모두 4개의 경로에서 유의한 차이가 나타났다. 두 집단의 경로모형은 각각 [그림 4-3A], [그림 4-4B]와 같다.

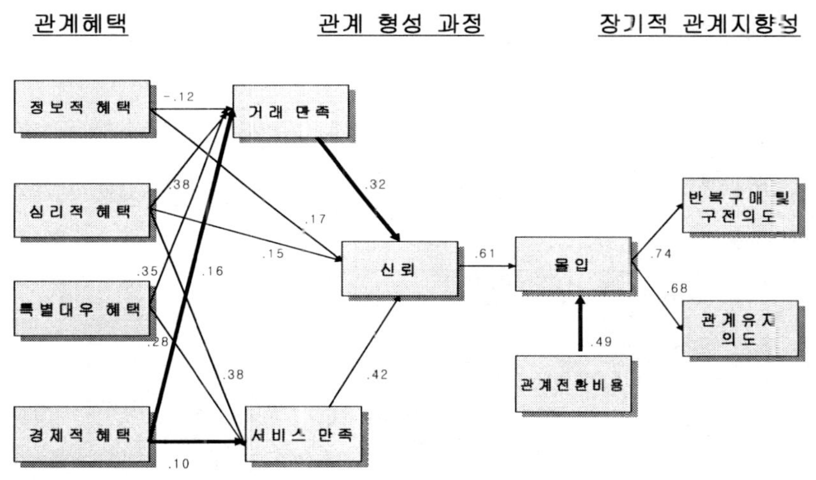

[그림 4-3A] 특정 점포에 고객관계가 있는 소비자집단

경제적 혜택→거래만족의 경로에서는 점포대상 관계집단의 경로 값이 유의하게 크게 나타났다. 따라서 점포대상 관계소비자는 특정 점포에 있는 특정 상표 대상 관계소비자에 비해서 고객관계를 통한 경제적 혜택을 높게 지각할수록 거래에 대한 간족

154

도가 더 높아질 것이라고 생각할 수 있다. 경제적 혜택→서비스
만족에 이르는 경로의 경우 점포대상 고개관계 집단의 경로 값
이 유의하게 높게 나타났다. 거래만족→신뢰의 경우 특정 점포
에 있는 특정 상표에 고객관계를 가진 소비자집단의 경로 값이
유의하게 높은 것으로 나타났고, 관계 전환비용→몰입의 경우에
서도 특정 점포에 있는 특정 상표에 고객관계가 있는 소비자집
단의 경로 값이 유의하게 높게 나타났다. 이렇게 관계혜택의 지
각과 장기지향성에 이르는 과정이 관계 대상에 따라서 달라질
수 있음이 밝혀졌고, 따라서 이러한 결과를 바탕으로 관계마케
팅을 실행하는 주체에 따라서 중요하게 다루어야 할 관계혜택과
장기지향성에 영향을 주는 각각의 과정에 대한 중요도를 달리
해야 할 필요가 있다.

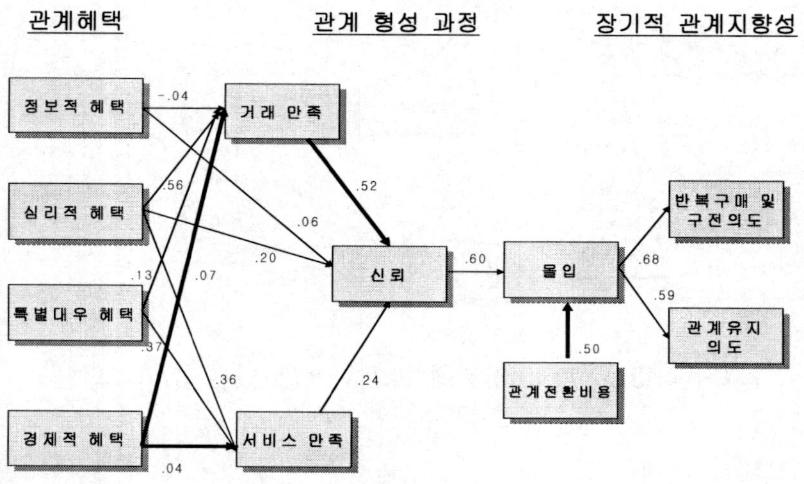

[그림 4-3B] 특정 점포에 있는 특정 상표에 고객관계가 있는
소비자집단

2. 관계 기간에 따른 집단 비교

전체 관계 소비자를 관계 기간에 따라 장기간 고객관계집단(3년 이상 고객관계를 가지고 있는 집단, n=316)과 단기간 고객관계집단(2년 이하 고객관계를 가진 집단, n=224)으로 분류한 후 고객관계를 가진 기간의 차이에 따라 장기지향성 과정에 유의한 차이가 있는 지 검증하였다.

[표 4-22] 관계 기간에 따른 집단 간 경로 차이 검증

집단 간 차이 검증	x^2	Df	$\Delta x^2/\Delta F$	유의성
자유모델	344.270	64		
제약모델	375.610	79	31.340/15	YES
제약된 경로	x^2	Df	$\Delta x^2/\Delta F$	유의성
자유모델	344.270	64		
정보적 혜택→거래만족	345.409	65	1.138/1	NO
정보적 혜택→신뢰	347.943	65	3.673/1	NO
심리적 혜택→거래만족	344.515	65	0.245/1	NO
심리적 혜택→서비스만족	347.162	65	2.891/1	NO
심리적 혜택→신뢰	344.276	65	0.006/1	NO
특별대우 혜택→거래만족	251.437	65	7.167/1	**YES**
특별대우 혜택→서비스만족	344.286	65	0.015/1	NO
경제적 혜택→거래만족	344.271	65	0.001/1	NO
경제적 혜택→서비스만족	347.835	65	0.917/1	NO
거래만족→신뢰	349.898	65	5.627/1	**YES**
서비스만족→신뢰	347.331	65	3.060	NO
신뢰→몰입	344.424	65	0.153/1	NO
관계 전환비용→몰입	347.474	65	3.204/1	NO
몰입→반복 구매 및 구전 의도	345.898	65	1.627/1	NO
몰입→관계 유지 의도	645.187	65	3.564/1	NO

장기간 고객관계를 가진 집단을 자유모델(Unconstrained model)로 하고, 단기간 고객관계를 가진 집단을 제약모델(Constrained model)로 정해서 두 모형의 적합도의 차이를 비교해보았다. 분석 결과, 두 집단의 장기적 관계지향성 경로모형이 유의한 차이가 있는 것으로 나타났다[표 4-22]. 두 집단에서 자유모델의 $\chi^2=344.270$, $df=64$이고, 제약모델의 $\chi^2=375.610$, $df=79$인 것으로 나타나, 자유도의 차이는 15, $\Delta\chi^2=31.340$이므로 두 집단의 차이는 통계적으로 유의하다고 할 수 있다(자유도가 15일 때, $\chi^2=25.00$이므로). 즉, 장기간 고객관계를 가진 집단과 단기간 고객관계를 가진 집단 간에 관계혜택 지각이 장기적 관계지향성에 미치는 영향이 차이가 있다.

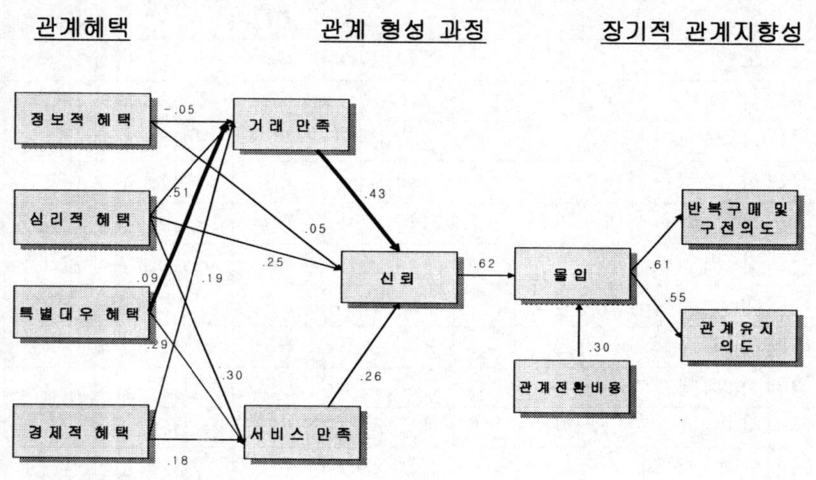

[그림 4-4A] 장기간 고객관계를 가진 소비자집단

특히 어느 경로에서 유의한 차이가 있는 지 알아보기 위해서 경로 간 차이를 분석해 보기 위해 모형에 포함된 경로 15개 중에서 특정 경로에 대한 제약모델을 만든 후 자유모델과 제약모델의 χ^2값을 비교하여 각 경로 간 차이를 살펴본 다음 유의성을 검증하였다. 15개의 경르 중에서 특별대우→거래만족, 거래만족→신뢰에 이르는 2개의 경로에서 유의한 차이가 나타났다. 두 집단의 경로모형은 각각 [그림 4-4A], [그림 4-4B]와 같다.

그 결과, 특별대우→거래만족에 이르는 경로 값은 단기적 관계집단이 더 높은 것으로 나타났지만, 거래만족→신뢰에 이르는 경로 값은 장기간 관계 집단이 더 높게 나타났다. 따라서 2년 미만의 단기간의 고객관계를 가지고 있는 경우에는 특별대으와 관련된 혜택에 보다 집중하여 마케팅 전략을 세우는 것이 적합할 것이며, 3년 이상의 장기간 관계 집단의 경우 혜택보다는 거래만족도를 높임으로써 신뢰도를 향상시키는 관계마케팅 전략이 적절할 것으로 생각된다.

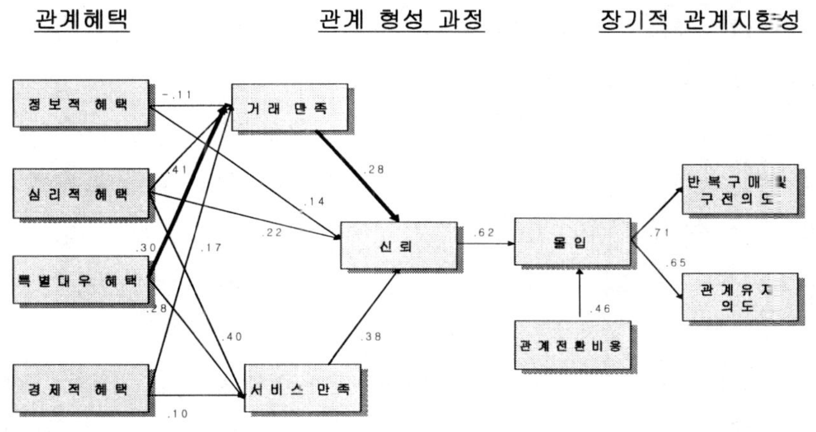

[그림 4-4B] 단기간 고객관계를 가진 소비자집단

관계발전과정에서 관계 기간에 따라 관계혜택이 장기적 관계지향성에 미치는 영향에 차이가 있는 지에 대한 연구(서문식 등, 2001)에서 관계발전 단계에 따라 중요하게 작용하는 관계혜택 유형에는 차이가 있는 것으로 나타났다. 따라서 고객과의 장기적 관계를 유지하기 위해서는 관계발전 단계에 따라 고객에게 제공하는 관계혜택을 차별화해야 할 필요성이 있다.

3. 관계 정도에 따른 집단 비교

고객관계를 가진 소비자가 자신의 고객관계 정도에 대한 지각을 바탕으로 강한 고객관계집단(n=159)과 약한 고객관계집단(n=381)으로 분류한 후 집단 간 장기적 관계지향성 과정의 차이를 살펴보았다.

강한 고객관계집단을 자유모델(자유모델 model)로 하고, 약한 고객관계집단을 제약모델(Constrained model)로 정해서 두 모형의 적합도의 차이를 비교해보았다.

분석 결과, 두 집단의 장기적 관계지향성 경로모형이 유의한 차이가 있는 것으로 나타났다[표 4-23]. 두 집단에서 자유모델의 $\chi^2=341.927$, df=64이고, 제약모델의 $\chi^2=378.925$, df=79인 것으로 나타나, 자유도의 차이는 15, $\Delta\chi^2=36.998$이므로 두 집단의 차이는 통계적으로 유의하다고 할 수 있다(자유도가 15일 때, $\chi^2=25.00$이므로). 즉, 강한 고객관계를 가진 집단과 약한 고객관계를 가진 집단 간에 관계혜택 지각이 장기적 관계지향성에 미치는 영향이 차이가 있다.

특히 어느 경로에서 유의한 차이가 있는 알아보기 위해서 경로 간 차이를 분석해 보기 의해 모형에 포함된 경로 15개 중에서 특정 경로에 대한 제약모델을 만든 후 자유모델과 제약모델의 x^2값을 비교하여 각 경로 간 차이를 살펴본 다음 유의성을 검증하였다.

[표 4-23] 관계 정도에 따른 집단 간 경로 차이 검증

집단 간 차이 검증	x^2	Df	$\Delta x^2/\Delta F$	유의성
자유모델	341.927	64		
제약모델	378.925	79	36.998/15	YES
제약된 경로	x^2	Df	$\Delta x^2/\Delta F$	유의성
자유모델	341.927	64		
정보적 혜택→거래만족	343.256	65	0.329/1	NO
정보적 혜택→신뢰	346.886	65	4.960/1	**YES**
심리적 혜택→거래만족	342.212	65	0.285/1	NO
심리적 혜택→서비스만족	343.176	65	1.250/1	NO
심리적 혜택→신뢰	343.390	65	1.463/1	NO
특별대우 혜택→거래만족	352.098	65	10.172/1	**YES**
특별대우 혜택→서비스만족	341.927	65	0.991/1	NO
경제적 혜택→거래만족	341.962	65	0.036/1	NO
경제적 혜택→서비스만족	342.538	65	0.611/1	NO
거래만족→신뢰	344.388	65	2.461/1	NO
서비스만족→신뢰	346.906	65	4.979/1	**YES**
신뢰→몰입	342.684	65	0.757/1	NO
관계 전환비용→몰입	346.007	65	4.080/1	**YES**
몰입→반복 구매 및 구전 의도	343.631	65	1.705/1	NO
몰입→관계 유지 의도	347.951	65	6.025/1	**YES**

160

15개의 경로 중에서 5개의 경로에서 유의한 차이가 나타났다. 정보적 혜택→신뢰, 특별대우 혜택→거래만족, 서비스만족→신뢰, 관계 전환비용→몰입의 경로에서 두 집단 간의 유의한 차이가 나타났고, 5개의 경로 모두에서 강한 관계 집단의 경로 값이 높은 것으로 나타났다[그림 4-5A], [그림 4-5B].

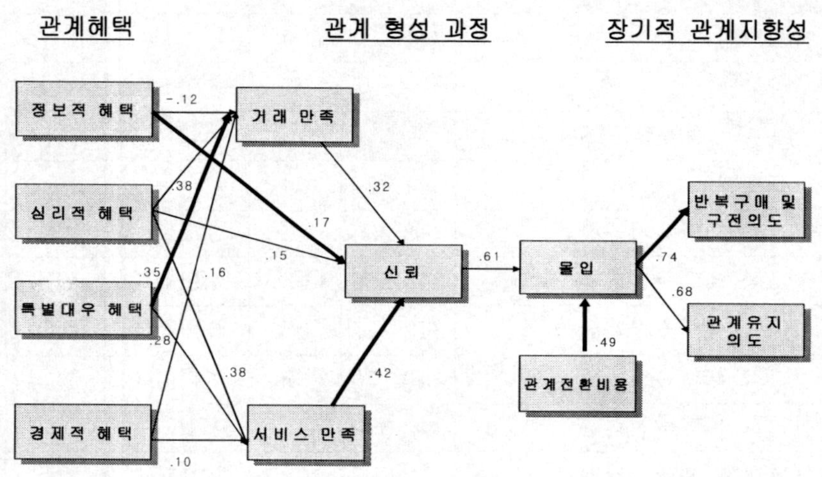

[그림 4-5A] 강한 고객관계를 가진 소비자집단

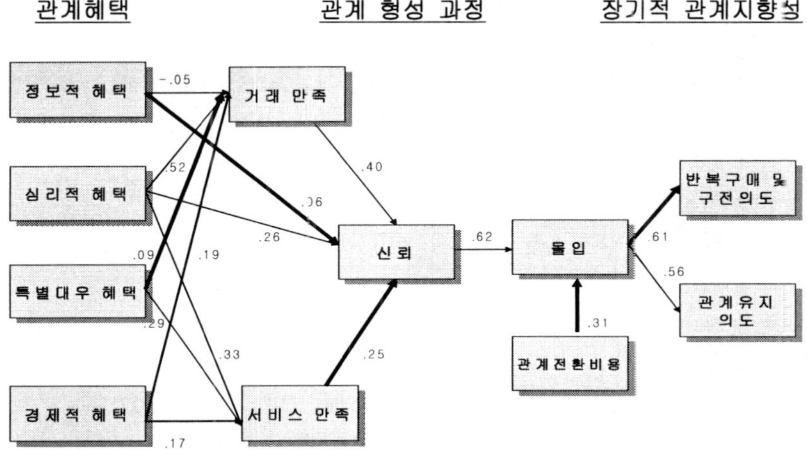

[그림 4-5B] 약한 고객관계를 가진 소비자집단

4. 관여 정도에 따른 집단 비교

고객관계를 가진 소비자가 현재 고객관계를 가지고 쇼핑하는 상품에 대한 관여 정도를 바탕으로 고관여 집단(n=251)과 저관여 집단(n=289)으로 분류한 후 집단 간 장기적 관계지향성 과정의 차이를 살펴보았다.

[표 4-24] 관여 정도에 따른 집단 간 경로 차이 검증

집단 간 차이 검증	x^2	Df	$\Delta x^2/\Delta F$	유의성
자유모델	347.455	64		
제약모델	384.103	79	34.648/15	YES
제약된 경로	x^2	Df	$\Delta x^2/\Delta F$	유의성
자유모델	347.455	64		
정보적 혜택→거래만족	347.574	65	0.119/1	NO
정보적 혜택→신뢰	349.311	65	1.856/1	NO
심리적 혜택→거래만족	347.758	65	0.303/1	NO
심리적 혜택→서비스만족	349.620	65	2.165/1	NO
심리적 혜택→신뢰	349.339	65	1.884/1	NO
특별대우 혜택→거래만족	347.517	65	0.061/1	NO
특별대우 혜택→서비스만족	350.505	65	3.049/1	NO
경제적 혜택→거래만족	354.335	65	6.880/1	YES
경제적 혜택→서비스만족	356.625	65	9.170/1	YES
거래만족→신뢰	347.478	65	0.023/1	NO
서비스만족→신뢰	348.778	65	1.856/1	NO
신뢰→몰입	357.798	65	10.343/1	YES
관계 전환비용→몰입	349.742	65	2.287/1	YES
몰입→반복 구매 및 구전 의도	348.184	65	0.729/1	NO
몰입→관계 유지 의도	347.953	65	0.498/1	NO

고관여 집단을 자유모델(Unconstrained model)로 하고, 저관여 집단을 제약모델(Constrained model)로 정해서 두 모형의 적합도의 차이를 비교해본 결과, 두 집단의 장기적 관계지향성 경로모형이 유의한 차이가 있는 것으로 나타났다[표 4-24]. 두

집단에서 자유모델의 χ^2=347.455, df=64이고, 제약모델의 χ^2
=384.103, df=79인 것으로 나타나, 자유도의 차이는 15, $\Delta\chi^2$
=34.648이므로 두 집단의 차이는 통계적으로 유의하다고 할
수 있다(자유도가 15일 때, χ^2=25.00이므로). 즉, 고관여 집단
과 저관여 집단 간에 관계혜택 지각이 장기적 관계지향성에 미
치는 영향이 차이가 있었다.

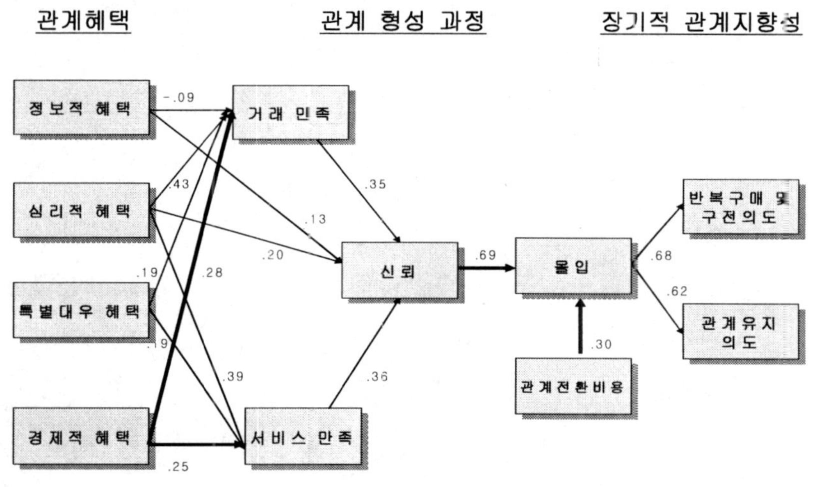

[그림 4-6A] 고관여 소비자집단

특히 어느 경로에서 유의한 차이가 있는 알아브기 위해서 경
로 간 차이를 분석해 보기 위해 모형에 포함된 경로 15개 중에
서 특정 경로에 대한 제약모델을 만든 후 자유모델과 제약도델
의 χ^2값을 비교하여 각 경로 간 차이를 살펴본 다음 유의슨을
검증하였다.

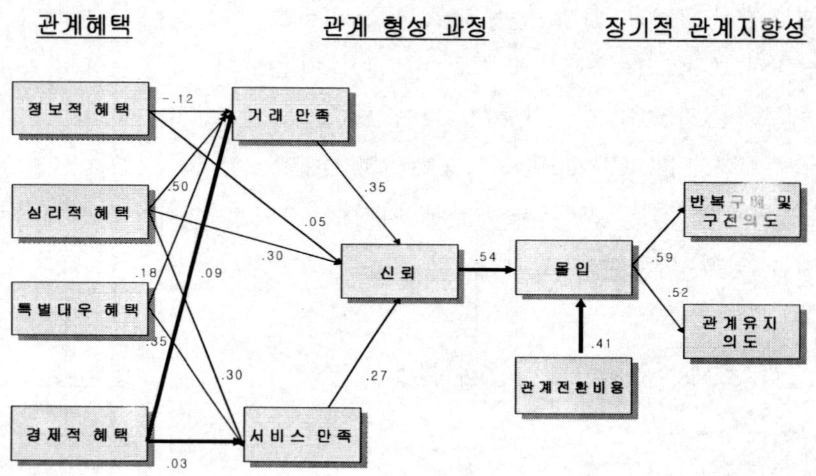

[그림 4-6B] 저관여 소비자집단

고관여 집단은 저관여 집단에 비해 경제적 혜택지각이 높을수록 거래만족 및 서비스만족도가 높아질 것이며, 신뢰도가 높을수록 관계에 대한 몰입이 강해질 것이다. 하지만, 저관여 집단은 고관여 집단에 비해 관계 전환비용이 높을수록 관계에 대한 몰입정도가 더 강해질 것으로 예상된다. 결과적으로 관여 정도에 따라서 관계혜택이 장기적 관계지향성에 미치는 영향이 차이가 있음을 알 수 있다.

제5절 소비자 거래 성향에 따른 관계혜택 지각이 만족에 미치는 영향에 대한 다중집단 분석

소비자 거래 성향에 따라서 관계혜택 중 특히 어떤 혜택이 만족에 영향을 미쳤는지 확인하기 위해 관계혜택 지각과 만족 간의 관계에 대한 확인적 요인분석을 실시한 결과 $\chi^2 = 353.769$, GFI = 0.937, AGFI = 0.914, RMSEA = 0.054로 나타나, 비교적 적합한 것으로 나타났다[그림 4-7].

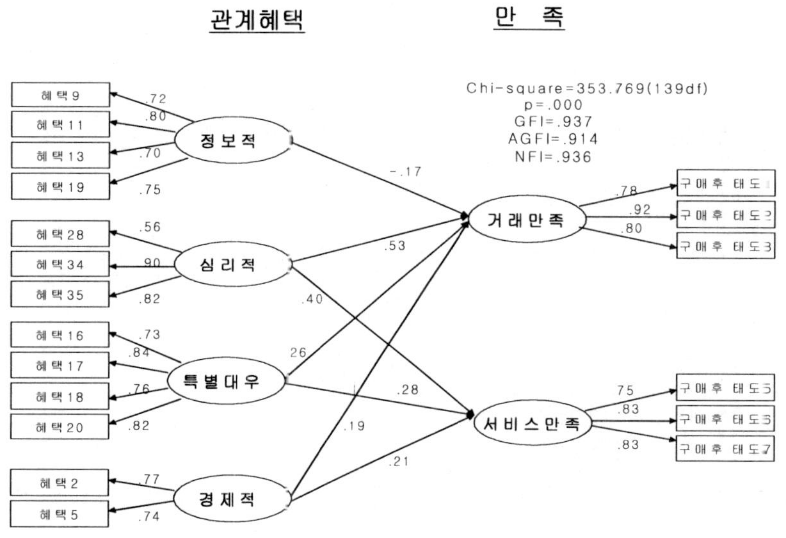

[그림 4-7] 관계혜택 지각이 만족에 미치는 영향-기본모형

정보적 혜택은 구매만족에만 영향을 미쳤고, 심리적 혜택, 특별대우 혜택 및 경제적 혜택은 거래만족과 서비스만족 모두에게

영향을 미치는 것으로 나타났다. 소비자 거래 성향인 사회성 경향, 관리 선호 경향, 가격 중시경향에 따라 각각 혜택과 만족 모형을 집단 비교한 결과는 다음과 같다.

1. 사회성 경향

사회성 경향에 따라 혜택이 만족에 미치는 영향의 차이를 밝히기 위해 사회성의 정도에 따라 높은 사회성 집단(n=336)과 낮은 사회성 집단(n=204)으로 분류한 후 다중집단 분석을 하였다[표 4-25].

[표 4-25] 사회성 경향에 따른 다중집단 분석 결과

집단 간 차이 검증	χ^2	Df	$\Delta\chi^2/\Delta F$	유의성
자유모델	536.874	276		
제약모델	570.317	296	33.443/20	YES
제약된 경로	χ^2	Df	$\Delta\chi^2/\Delta F$	유의성
자유모델	536.874	276		
정보적 혜택→거래만족	537.097	277	0.223/1	NO
심리적 혜택→거래만족	541.382	277	4.508/1	**YES**
심리적 혜택→서비스만족	539.528	277	2.654/1	NO
특별대우 혜택→거래만족	536.875	277	0.001/1	NO
특별대우 혜택→서비스만족	542.721	277	5.847/1	**YES**
경제적 혜택→거래만족	539.612	277	2.738/1	NO
경제적 혜택→서비스만족	536.876	277	0.002/1	NO

사회성이 높은 집단을 자유모델(Unconstrained model)로 하고,

사회성이 낮은 집단을 제약모델(Constrained model)로 정해서 두 집단 모형의 적합도의 차이를 비교해보니, 높은 사회성 집단의 χ^2 = 536.874(df = 276)이고, 낮은 사회성 집단의 χ^2 = 570.317(df = 296)로 나타나, $\Delta\chi^2/\Delta F$ = 33.443/20(df = 20일 경우, χ^2 = 31.140) 이므로 두 집단 간의 차이가 유의한 것을 알 수 있다.

4가지 관계혜택 중에서 특히 어떤 관계혜택이 만족에 높은 영향을 미치는 지 알아보기 위해서 관계혜택에서 만족에 이르는 경로를 차례대로 제약한 후, 두 집단 간의 유의한 차이가 있는 지 살펴보았다. 분석 결과, 심리적 혜택→거래만족, 특별대우 혜택→서비스만족에 이르는 경로에 있어 두 집단 간의 유의한 차이가 나타났다.

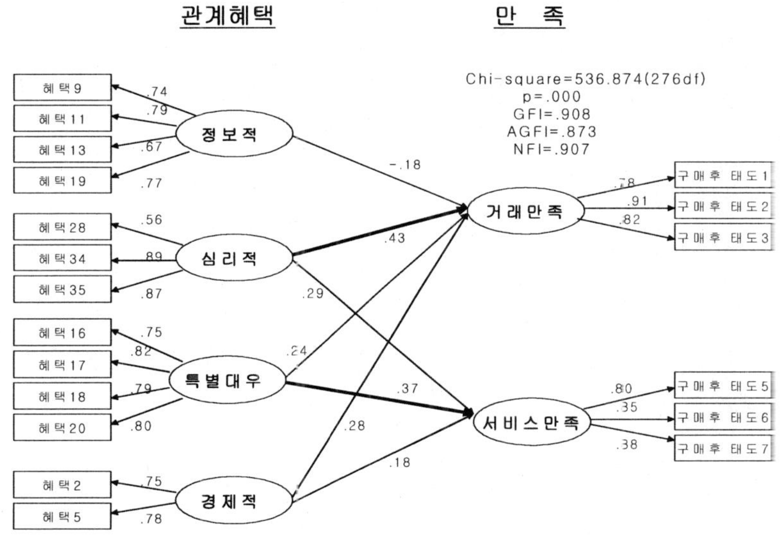

[그림 4-8A] 사회성 경향이 높은 집단

　[그림 4-8A], [그림 4-8B]를 보면, 사회성이 높은 집단은 사회성이 낮은 집단에 비해 서비스만족에 대한 특별대우의 영향력이 더 큰 것으로 나타나, 사회성이 높은 고객에 대해서는 기업에서 보다 특별대우 혜택을 통한 서비스만족도를 높이는 전략을 세우는 것이 효과적으로 생각된다. 사회성이 낮은 고객의 경우 심리적 혜택지각이 높을수록 보다 더 거래만족도가 높아지는 것으로 나타났으므로, 심리적인 안정감이나 점포에서 즐거움과 관련된 마케팅 전략을 세우는 것이 만족도를 높여서 결과적으로 장기적 관계지향성을 높이는 방법이 될 수 있다.

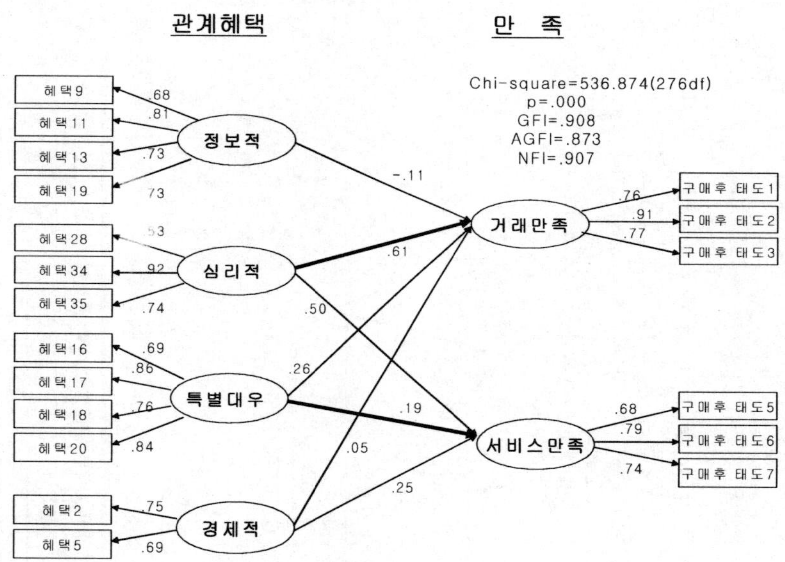

[그림 4-8B] 사회성 경향이 낮은 집단

2. 관리 선호 경향

고객에 대한 관리 선호 경향에 따라 혜택이 만족에 미치는 영향
의 차이를 밝히기 위해 관리 선호 경향이 높은 집단(n=348)과 관
리 선호 경향이 낮은 집단(n=192)으로 분류한 후 다중집단 분석을
하였다. 관리 선호 경향이 높은 집단을 자유모델(Unconstrained
model)로 하고, 관리 선호 경향이 낮은 집단을 제약모델
(Constrained model)로 정해서 두 집단 모형의 적합도의 차이를
비교해보니, 관리 선호 경향이 높은 집단의 $x^2=566.606$ (df=
276)이고, 관리 선호 경향이 낮은 집단의 $x^2=619.053(df=296)$
으로 나타나, $\Delta x^2/\Delta F=52.447/20(df=20$일 경우, $x^2=31.140$)이
므로 두 집단 간의 차이가 유의한 것을 알 수 있다[표 4-26]

[표 4-26] 관리 선호 경향에 따른 다중집단 분석 결과

집단 간 차이 검증	x^2	Df	$\Delta x^2/\Delta F$	유의성
Unconstrained	566.606	276		
제약모델	603.271	289	52.447/20	YES
제약된 경로	x^2	Df	$\Delta x^2/\Delta F$	유의성
자유모델	566.606	276		
정보적 혜택→거래만족	569.187	277	2.581/1	NO
심리적 혜택→거래만족	568.505	277	1.899/1	NO
심리적 혜택→서비스만족	566.636	277	0.030/1	NO
특별대우 혜택→거래만족	573.849	277	7.243/1	YES
특별대우 혜택→서비스만족	570.187	277	3.581/1	NO
경제적 혜택→거래만족	566.611	277	0.005/1	NO
경제적 혜택→서비스만족	566.617	277	0.011/1	NO

　4가지 관계혜택 중에서 특히 어떤 관계혜택이 만족에 높은 영향을 미치는 지 알아보기 위해서 관계혜택에서 만족에 이르는 경로를 차례대로 제약한 후, 두 집단 간의 유의한 차이가 있는 지 살펴보았다. 분석 결과, 특별대우 혜택→거래만족에 이르는 경로에 있어 두 집단 간의 유의한 차이가 나타났다.

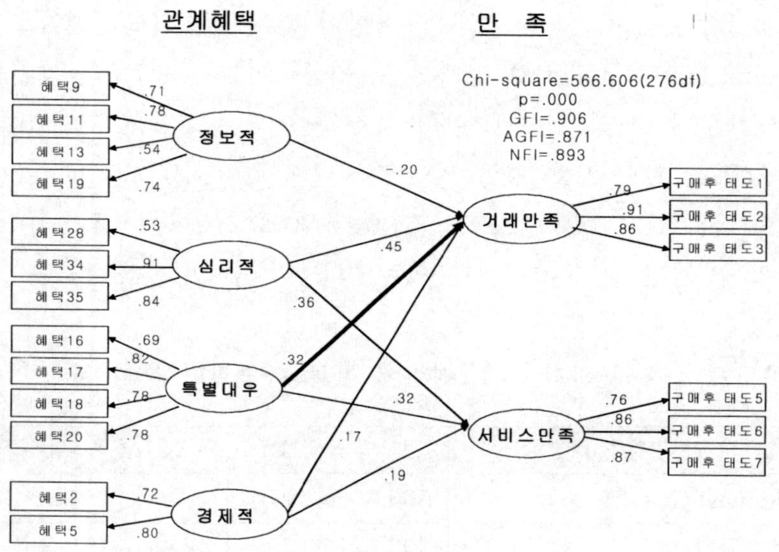

[그림 4-9A] 관리 선호 경향이 높은 집단

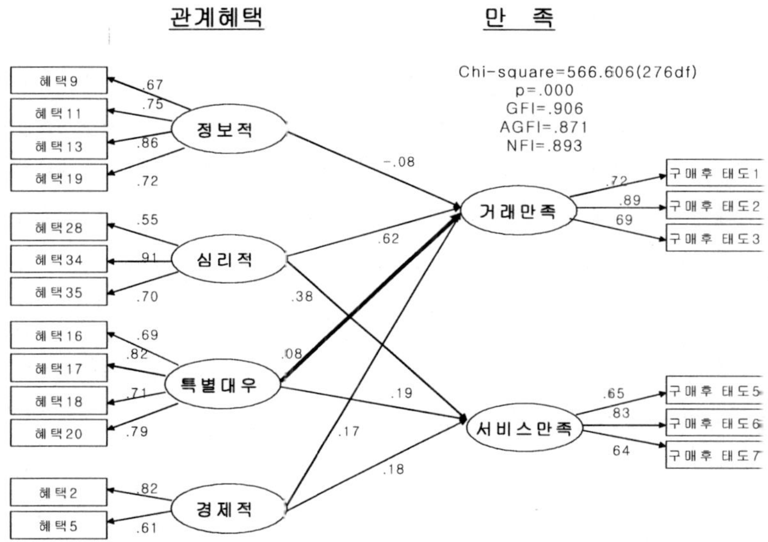

[그림 4-9B] 관리 선호 경향이 낮은 집단

[그림 4-9A], [그림 4-9B]를 보면, 관리 선호 경향이 높은 집단은 관리 선호 경향이 낮은 집단에 비해 특별대우 혜택이 거래만족에 미치는 영향이 유의하게 높게 나타났다. 따라서 관리 선호 경향이 높은 고객에 대해서는 특별한 고객 관리를 통한 만족도를 높이는 마케팅 전략이 효과적일 것이다.

3. 가격 중시 경향

고객관계를 유지하기보다는 저렴한 가격에 구매를 할 수 있는 곳으로 고객관계를 옮기는 경향에 따라 혜택이 만족에 미치는 영향의 차이를 밝히기 위해 가격 중시 경향이 높은 집단(n=

135)과 가격 중시 경향이 낮은 집단(n=405)으로 분류한 후 다중집단 분석을 하였다[표 4-27].

가격 중시 경향이 높은 집단을 자유모델(Unconstrained model)로 하고, 가격 중시 경향이 낮은 집단을 제약모델(Constrained model)로 정해서 두 집단 모형의 적합도의 차이를 비교해보니, 가격 중시 경향이 높은 집단의 $\chi^2=547.037(df=276)$이고, 가격 중시 경향이 낮은 집단의 $\chi^2=582.395(df=296)$로 나타나, $\Delta\chi^2/\Delta F=35.358/20(df=20$일 경우, $\chi^2=31.140)$이므로 두 집단 간의 차이가 유의한 것을 알 수 있다. 4가지 관계혜택 중에서 특히 어떤 관계혜택이 만족에 높은 영향을 미치는 지 알아보기 위해서 관계혜택에서 만족에 이르는 경로를 차례대로 제약한 후, 두 집단 간의 유의한 차이가 있는 지 살펴보았다.

[표 4-27] 가격 중시 경향에 따른 다중집단 분석 결과

집단 간 차이 검증	χ^2	Df	$\Delta\chi^2/\Delta F$	유의성
자유모델	547.037	276		
제약모델	582.395	296	35.358/20	YES
제약된 경로	χ^2	Df	$\Delta\chi^2/\Delta F$	유의성
자유모델	547.037	276		
정보적 혜택→거래만족	547.043	277	0.006/1	NO
심리적 혜택→거래만족	548.666	277	1.629/1	NO
심리적 혜택→서비스만족	555.927	277	8.890/1	**YES**
특별대우 혜택→거래만족	547.439	277	0.402/1	NO
특별대우 혜택→서비스만족	548.416	277	1.379/1	NO
경제적 혜택→거래만족	547.609	277	0.572/1	NO
경제적 혜택→서비스만족	547.039	277	0.002/1	NO

분석 결과, 심리적 혜택→서비스만족에 이르는 경로에 있어
두 집단 간의 유의한 차이가 나타났다. [그림 4-10A], [그림
4-10B]를 보면, 저가 지향이 낮은 집단의 경우 경제적 혜택의
지각이 거래만족에 미치는 영향이 저가 지향이 높은 집단에 비
해 유의하게 높은 것으로 나타났다.

지금까지의 소비자 거래 성향에 따라서 다중집단 분석을 실시
한 결과, 소비자 특성에 따라서 관계혜택 지각이 장기적 관계지
향성에 미치는 영향이 집단 간의 유의한 차이가 있는 것으로 나
타났다. 이러한 결과에 따라서 관계마케팅은 소비자 특성에 따
른 관계혜택을 개발하며 적용해야 할 필요가 있다.

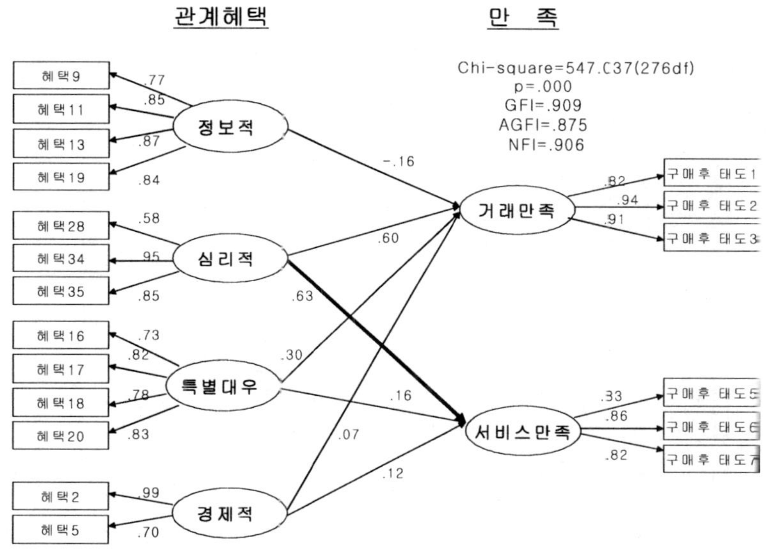

[그림 4-10A] 가격 중시 경향이 높은 집단

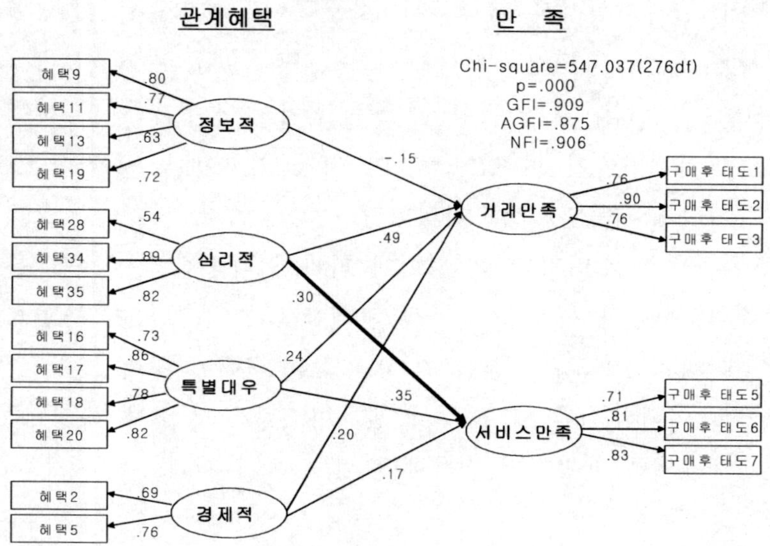

[그림 4-10B] 가격 중시 경향 낮은 집단

제5장 결론 및 제언

본 장에서는 패션상품의 관계마케팅에 대한 실증적 연구결과들을 요약해서 정리하고, 결론을 내리며 후속연구를 위한 제언을 하였다.

제1절 분석 결과의 요약 및 논의

본 논문은 패션상품 소비자에 대한 관계마케팅의 적용가능성을 확인하기 위해, 패션상품의 관계혜택이 장기적 관계지향성에 미치는 영향에 대해 연구하였다. 나날이 경쟁이 심해지고 있는 패션 유통의 세계에서 토다 현명해지고 감각적으로 되어가는 소비자들의 구매를 이끌어 자사의 기업 이윤을 남길 수 있는 방법 중 하나가 관계마케팅의 적용이 될 수 있는데, 보다 효과적이고 실제적인 관계마케팅 전략의 수립을 위해서 패션상품에 대한 관계마케팅에 대한 연구조사가 필요하다. 따라서 본 연구에서는 패션상품 여성 소비자들을 대상으로 고객관계의 여부, 관계의 대상, 관계의 특성, 관계 형성 과정 등에 대해 논의하고 연구모형을 설정하며, 이를 실증적으로 분석하고자 하였다. 이러한 연구 결과는 최근 마케팅 영역에서 이슈가 되고 있는 관계마케팅 적용 필요성에 대한 확신을 줄 것으로 예상된다.

연구는 이론적 고찰과 실증적 연구로 나누어서 진행되었다.

이론적 연구에서는 최근 패러다임의 변화라고 불릴 만큼 마케팅의 시각의 변화를 가져온 '관계마케팅'의 개념을 살펴보았고, 다양한 대상에 적용시킨 연구사례들을 통해 관계마케팅의 형성과 유지에 영향을 줄 수 있는 변인들에 대해서 살펴보고 실증적으로 분석하기 위해 다음과 같은 연구문제를 설정하였다.

연구문제 1. 패션상품 소비자의 관계혜택 지각 내용을 밝힌다.
연구문제 2. 관계혜택 지각이 장기적 관계지향성을 형성하는 과정을 밝힌다.
  가설 1. 정보적 혜택은 거래만족에 긍정적 영향을 미칠 것이다.
  가설 2. 정보적 혜택은 서비스만족에 긍정적 영향을 미칠 것이다.
  가설 3. 정보적 혜택은 신뢰에 긍정적 영향을 미칠 것이다.
  가설 4. 심리적 혜택은 거래만족에 긍정적 영향을 미칠 것이다.
  가설 5. 심리적 혜택은 서비스만족에 긍정적 영향을 미칠 것이다.
  가설 6. 심리적 혜택은 신뢰에 긍정적 영향을 미칠 것이다.
  가설 7. 특별대우 혜택은 거래만족에 긍정적 영향을 미칠 것이다.
  가설 8. 특별대우 혜택은 서비스만족에 긍정적 영향을 미칠 것이다.
  가설 9. 특별대우 혜택은 신뢰에 긍정적 영향을 미칠 것이다.
  가설 10. 경제적 혜택은 거래만족에 긍정적 영향을 미칠 것이다.

가설 11. 경제적 혜택은 서비스만족에 긍정적 영향을 미칠
　　　　 것이다.

가설 12. 경제적 혜택은 신뢰에 긍정적 영향을 미칠 것이다.

가설 13. 거래만족은 신뢰에 긍정적인 영향을 미칠 것이다.

가설 14. 서비스만족은 신뢰에 긍정적인 영향을 미칠 것이다.

가설 15. 신뢰는 돌입에 긍정적인 영향을 미칠 것이다.

가설 16. 관계 전환비용은 몰입에 긍정적 영향을 미칠 것
　　　　 이다.

가설 17. 몰입은 반복 구매 및 구전행동 긍정적인 영향을
　　　　 미칠 것이다.

가설 18. 몰입은 관계 유지 의도에 긍정적 영향을 미칠 것
　　　　 이다.

연구문제 3. 소비자 특성에 따라서 관계혜택 지각이 장기적
　　　　　 관계지향성에 미치는 영향이 차이가 있는 지 알
　　　　　 아본다.

　실증적 연구에서는 패션상품 소비자 중 20세 이상의 여성 소비자를 대상으로 질문지를 이용하여 자료를 수집, 분석하였다. 자료의 분석을 위하여 SPSS Package를 이용하여 주성분 요인분석과 군집분석, 교차분석, Pearson의 상관관계, 신뢰도 분석, 일변량 분산분석, T-검증, 회귀분석 등의 방법을 사용하였으며, 경로 모형의 검증을 위해서 Amos 5.0 Package를 이용하여 분석하였다. 연구에 대한 실증적 결과는 패션상품 소비자의 관계혜택 지각 내용이 다차원적이었으며, 이러한 혜택은 만족과 신뢰의 단계를 거쳐 관계에 대한 몰입에 영향을 미치고, 나아가

장기적 관계지향성에 영향을 미친다는 사실을 입증하였다.

구체적인 분석 결과는 다음과 같다.

1. 조사 대상 소비자들 중에서 고객관계를 가지고 있는 소비자는 약 70% 정도인 것으로 나타나, 패션상품 소비자의 다수가 관계적인 소비자임을 알 수 있었고, 이에 따라 패션기업에서 소비자에 대한 다양한 관계마케팅 전략을 기획하고 실행할 필요성이 있다고 본다.

2. 패션상품 소비자가 지각하는 관계혜택 차원을 보다 정확하게 파악하고자 요인분석을 실시하였다. 그 결과, 관계혜택은 모두 5가지로 밝혀졌는데, 각각은 정보적 혜택, 심리적 혜택, 특별대우 혜택, 경제적 혜택, 사회적 혜택이었다. 고객관계를 가진 소비자와 고객관계를 갖지 않는 소비자 사이에 관계혜택 지각정도는 유의미한 차이가 있는 것으로 나타났고, 고객관계를 가지고 있는 소비자의 관계혜택 지각정도가 높은 것으로 나타났다. 즉, 관계혜택을 지각함으로써 고객관계를 갖게 되는 것으로 생각할 수 있고, 패션기업이 고객과 금전적인 혜택이외의 사회 심리적인 유대감을 통한 다양한 관계혜택을 개발하여 고객에게 제공하는 것이 장기적으로 고객관계의 유지에 도움이 될 것이다.

3. 관계혜택이 장기적 관계지향성에 이르는 과정에 영향을 주는 매개변수는 만족과 신뢰, 몰입인 것으로 나타났다. 특히, 본 연구에서 만족의 경우 거래자체에 대한 만족과 서비스에 대한 만족으로 차원이 나누어졌고, 두 가지의 만족이 신뢰에 영향을 미치는 것으로 나타났다. 신뢰는 몰입에 영향을 주었고, 상황요인 특성으로서 관계 전환비용이 몰입에 영향을 주는

또 다른 변수로 나타났다. 몰입은 관계의 결과로서 반복 구매 및 구전 의도와 관계 유지 의도에 긍정적인 영향을 미치는 것으로 나타났다.

4. 신뢰도가 낮은 사회적 관계혜택을 제외하고 나머지 4개의 관계혜택(정보적 혜택, 심리적 혜택, 특별대우 혜택, 경제적 혜택)과 거래만족, 서비스만족 및 신뢰, 몰입, 관계 전환비용이 장기적 관계지향성에 영향을 미치는 과정에 대한 이론적 모형을 검증한 결과 대부분의 경로가 채택되어 이론적 고찰을 통해 선택한 변수들이 비교적 적절한 것으로 나타났다.

5. 소비자의 거래 성향 3가지(사회성 경향, 관리 선호 경향 가격 중시 경향)에 따른 소비자집단 간에 관계혜택 지각과 장기적 관계지향성 형성 과정에 있어 유의미한 차이가 나타났다. 따라서 패션기업에서 관계마케팅을 실행할 때 소비자들에 대한 세분화 작업을 선행 한 후 세분된 소비자집단에 따라서 맞춤형 관계혜택을 제공하는 것이 적절할 것이다.

6. 소비자 구매특성에 따라서 관계혜택 지각이 장기적 관계지향성에 미치는 영향이 다른 것으로 나타났다. 소비자가 관계를 맺는 대상이 특정 점포인지 또는 특정 점포에 있는 상표인지에 따라서 관계혜택이 장기적 관계지향성에 미치는 영향이 차이가 있었고, 고객관계를 가지고 있었던 기간에 따라서 또는 고객관계 정도에 따라서 관계혜택이 장기적 관계지향성에 미치는 영향에 차이가 있었다. 또한, 고객관계를 가지고 쇼핑하는 상품에 대한 관여도 정도에 따라서도 관계혜택이 장기적 관계지향성에 미치는 영향이 다른 것으로 나타났다. 이러한 결과들은 기업이 관계마케팅을 전략을 세울 때 소비자의 측면에서 다양한 기준과 특성을 가지고 소비자들을 세분해야

하며, 소비자에 대한 많은 종류의 데이터를 확보한 후 보다 개별적인 관계마케팅을 실행하는 것이 최선의 효과를 얻을 수 있을 것이다.

본 연구의 가장 큰 의의는 최근 산발적으로 일어나고 있는 패션상품에 대한 관계마케팅 전략이 실제로 효과적이며 장기적 관점에서 전망이 있는지에 관한 예측을 하기 위해서 실제 관계마케팅에 대한 소비자의 관계혜택 지각 내용을 밝혀냈고, 관계혜택이 장기적 관계지향성을 형성하는 과정을 규명해 보았다는 점이다.

패션산업의 미래에 있어서 양적 성장보다는 질적 성장을 추구할 것으로 예측됨에 따라, 고객을 중심으로 고객 차별화나 맞춤 서비스 같은 고객과의 관계에 초점을 둔 전략이 주효할 것이라는 전망이 매우 우세하다. 왜냐하면, 관계마케팅을 통해서는 기업과 소비자 모두가 이익을 실현할 수 있기 때문이다.

장기적인 고객관계를 통해 기업이 얻게 되는 가장 큰 혜택은 기존고객을 유지함으로써 비용을 절감하고, 각 고객의 잠재적 가치를 완전히 실현할 수 있는 것이다. Sheth & Parvatiyar(1995)는 소비자와의 관계마케팅 결과는 마케팅의 효과성과 효율성을 향상시켜 기업이 더 높은 생산성을 달성할 수 있게 해준다고 하였다. 또한 이것은 소비자와의 장기적 관계를 유지하려는 마케터들에게서 더 큰 자발적 의지와 능력을 이끌어 낼 것이며 소비자와 마케터 간의 장기적이고 상호 도움이 되는 관계를 정립하고 향상시키는데 초점을 둔다.

반면에, 관계마케팅을 통해 고객이 얻을 수 있는 이점은 빈번하게 이용회사를 바꿈으로서 오는 품질위험과 비용추가 등이 없이 시간이 지남에 따라 더 높은 서비스를 제공받을 수 있고 그 기업으로부터 중요한 고객으로 대우받을 수 있다는 점이다(어유재, 2004).

기업의 입장에서는 고객 관계를 유지하고 있는 소비자의 욕구를 잘 파악하여 만족시켜줌으로써 다시 새로운 고객을 찾아나서 만족시키는 데 드는 비용을 절감하면서도 더 많은 이익을 얻을 수 있다. 로얄티(Loyalty) 프로그램이나 회사신용카드, 이미일 프로모션과 같은 관계마케팅 기법은 점차 일반적으로 되어가고 있다. 이러한 관계적 교환에 따라 소비자에게 제공되는 관계혜택은 가격할인이나 특별 사은품, 개인화된 관심 및 맞춤 상품 등이다. 이외에도 단순히 구매시점에서의 반응적 응대를 떠나서 고객의 장기적 관계를 형성시켜주고 유지 발전시키는 관계마케팅 기법을 연구하고 개발할 필요가 있다. 왜냐하면, 기업은 관계마케팅 활동을 통하여 고객에게 단순한 제품이 아니라 고객이 당면한 문제를 총체적으로 해결할 수 있는 고객화 된 해결책을 제공할 수 있기 때문이다.

제2절 관계마케팅 전략에 대한 제언

본 논문의 연구결과들을 바탕으로 본 연구에서는 다음과 같은 제언을 할 수 있다.

1. 소비자는 상품을 구매할 때 많은 서비스를 제공받게 되고 구매 후 거래만족이나 서비스만족은 상호 간의 신뢰에 강한 영

향을 미치게 된다. 패션상품처럼 사회 심리적 특성이 강한 상품의 경우 구매 시 관계 전환비용에 정도가 크고 따라서 관계에 대한 몰입을 위해서는 상호 간의 신뢰가 선행되어야 한다. 일단 관계에 대한 몰입을 하면 관계에 대한 장기지향성이나 구전 행동 같은 기업에 긍정적인 행동 및 태도가 형성되어 장기적인 수익을 가져다 줄 수 있다고 생각된다. 따라서 최근처럼 다양한 업태 간의 경쟁이 복잡하고 치열하며, 소비자의 욕구와 서비스에 대한 기대수준이 높아지고 있는 시장 상황에서는 기업이 관계마케팅 전략을 세우는 데 많은 노력과 투자를 할 것을 제안한다.

2. 관계마케팅 활동은 고객에게 어떤 혜택을 줄 수 있어야 하는데 기업은 고객들과의 지속적이고 장기적인 상호작용을 통하여 고객을 더 잘 이해하고, 고객에 대해 더 많은 지식을 학습하고, 고객의 문제를 이해하게 됨으로써 기본적으로 좀 더 고객화 된 제품을 제공할 수 있다. 즉, 고객관계중심의 관계마케팅을 통하여 기업은 단순한 제품이나 서비스 이상의 더 많은 고객가치를 제공할 수 있다.

3. 관계마케팅 전략을 세울 때, 정보의 제공이나 가격할인, 장기적 고객에 대한 특별대우, 심리적 안정성 등과 같은 측면에서 보다 개별화된 서비스의 개발이 기업에 대한 장기적 관계지향성을 높일 수 있는 전략이 될 수 있을 것이다. 거래에 만족한 소비자가 소매업자와의 고객관계를 맺고 싶어 하는 않는 이유에 대해서 질적 연구를 시도한 Stephanie & Johanna(2004)의 연구에서는 소비자가 소매업의 관계마케팅 전략 및 기법의 실행에 대해서 감정적으로 어떻게 받아들이고 있는지에 대한 충분한 숙고 없이는 관계마케팅이 실패할 수 있다고 조언했다.

즉, 소비자가 소매업자와의 거래 경험에 비추어 만족했다 할지라도 유지비용 측면, 시간 측면, 혜택 측면, 개인적 손실 측면에서 관계를 기피할 수 있다고 제안했다. 따라서 관계혜택 전략을 세울 때에는 소비자의 입장에서 기대수준이나 수용가능성 및 기대되는 효과에 대한 충분한 조사를 실시한 후 실행으로 옮겨야 할 필요가 있다.

4. 아울러 기업에 대한 신뢰도를 증가시키는 방법에 대한 다양한 방안에 대한 연구도 필요하다. 이를 위해 고객관계를 가지지 않는 소비자와 차별화될 수 있는 고객 우대 프로그램이 확대되어야 하고, 가격이 할인되는 판촉물이나 쿠폰의 제공이 동반되어야 하며, 고객의 쇼핑이 편리해질 수 있는 각종 방안을 모색하고, 장기적인 관점에서 고객만족을 지속적으로 충족시키기 위해서는 데이터베이스를 활용한 고객과의 커뮤니케이션 전략이 효율적일 것으로 생각된다. 또한, 판매원 관리나 홈페이지 관리 등을 통해서 기업에 대한 신뢰도를 높일 수 있는 다양한 채널을 개발하고 이를 통해 고객에게 신뢰감을 형성시킬 수 있어야 한다.

5. 전략적으로 개발된 관계마케팅 기법들을 실행할 때에는 우량고객에 대한 선별작업을 거친 후에 실시해야 한다. 업태에 따라, 업종에 따라 우량고객을 선별하는 과학적이고 정확한 기준들을 마련한 후 이를 바탕으로 우량고객들을 선별한 후 기업에 이익기여도가 높을 것 같은 고객을 찾아낸 후 집중적이고 지속적으로 관계마케팅을 실시해야 한다.

6. 관계마케팅을 보다 효과적으로 실행하기 위해서 고객관계에만 초점을 두지 않고, 기업의 모든 파트너와 관련기업에까지 확대된 관계관리가 필요하다. 고객에게 적합한 상품 및 서비

스를 적시에 제공하기 위해서는 해당 기업뿐 아니라 관련 기업의 노력이 필요하며, 이를 위해서 기업 간의 관계관리까지도 중요하게 생각해야 한다.

제3절 연구의 제한점 및 후속연구를 위한 제언

본 연구에서는 그동안 서비스 산업에서 강조되었던 관계혜택 개념을 패션 소매업에 적용하였기 때문에 몇 가지 제한점을 갖는다.

첫째, 패션소매업은 상품과 동시에 서비스를 제공하기 때문에 서비스부분만을 강조하는 측정도구를 패션상품에 소비자에게 적합하게 적용시키는 과정에 어려움이 있었다. 장래에는 패션 소매업을 대상으로 관계혜택이나 장기적 관계지향성에 관한 연구가 활발하게 진행되어서 보다 패션 소비자에게 적절한 측정도구의 개발이 요구된다.

둘째, 본 연구에서 관계혜택 지각이 장기적 관계지향성에 미치는 영향에 대한 전체 경로 모형을 구성할 때 사회적 혜택 지각이 신뢰도가 낮게 나와서 모형에서 제거되었는데, 후속연구에서는 사회적 혜택에 대한 보다 심층적인 연구가 필요하다.

셋째, 패션상품 소비자의 관계혜택에 대해서 소비자 관점에서의 다양한 차원의 조사가 이루어져서 관계마케팅의 실행에 대한 관계혜택 지각 내용을 심도 있게 연구되어야 할 필요가 있다.

넷째, 본 연구에서는 신뢰나 몰입에 대한 기존 연구에서 사용된 측정도구를 편의적으로 수정하여 사용했는데, 후속연구에서는 패션상품 소비자들이 패션기업에 대한 신뢰도와 관계에 대한 몰입을 표현해주는 여러 가지 측정도구에 대해 보다 깊이 있는 연구가 이루어져야 하겠다.

다섯째, 관계 형성의 결과로써 본 연구에서는 반복 구매 및 구전 의도와 관계 유지 의도만을 측정하였지만, 후속연구에서는 다양한 내용의 관계결과 변수가 연구되어야 하겠다.

여섯째, 본 연구에서 장기적 관계지향성에 영향을 미치는 변수는 관계혜택, 만족, 몰입, 신뢰, 관계 전환비용 등 이었는데, 후속연구에서는 관계혜택 지각이 장기적 관계지향성에 미치는 과정에 영향을 미칠 수 있는 다른 변수들에 대한 다양한 연구가 필요하겠다.

마지막으로, 본 연구의 표본을 선정할 때 편의적으로 선정하였으므로 결과에서 일반화를 시킬 때에는 주의가 필요하며, 표본의 인구 통계적 특성을 바탕으로 한 결과의 해석 및 유추가 가능하다.

참고문헌

국내문헌

강세희(2002). 로열티 프로그램이 기업성과에 미치는 영향에 관한 연구, 서울대학교 대학원 석사학위논문.

고은주(1996). 기업특성과 Quick Response Technologies의 사용수준과의 관계연구, 한국의류학회지, 20(4), 586-595.

고은주(1997). QR 효과 인지도와 QR도입의 관계연구, 한국의류학회지, 21(5), 845-853.

권준희(1999). 고객만족과 거래 성향이 관계지향성에 미치는 영향에 관한 연구, 연세대학교 대학원 석사학위논문.

김계수(2004). 구조방정식 모형분석, SPSS아카데미.

김기찬(1992). 기업 간 관계모형의 개발에 관한 연구: 마케팅 전략적 유효성을 중심으로, 서울대학교 박사학위논문.

김수영(1999). 패션상품의 연결마케팅에 관한 연구-고객관계 증진 시스템을 중심으로-, 서울대학교 석사학위논문.

김세환(1997). 판매자와 구매자 간의 관계 유지에 미치는 영향요인에 관한 실증적 연구, 경남대학교 대학원 석사학위논문.

김영구(1997). 고객공유를 통한 관계의 형성과 효과에 관한 연구, 서울대학교 석사학위논문.

김영아(2002). 소비자와 소매점 간의 관계품질의 영향요인과 효과에 관한 연구, 대한 경영학회지, 34, 173-198.

김용정(1998). 대고객 관계마케팅에 관한 실증적 연구-관계의 지와 신뢰의 매개변수 효과를 중심으로-, 마케팅과학연구, 1, 21-42.

김은정, 이선재(2001). 의류점포의 대고객 관계마케팅에 관한 연구; 백화점을 중심으로. 한국의류학회지, 25(6), 1097-1090.

김지연, 이은영(2004). 의류점포의 서비스품질, 제품품질, 가격이 점포애고에 미치는 영향, 한국의류학회지, 28(1), 12-21.

김평래(2000). 국내 PC시장에서의 고객의 관계지향성 형성에 관한 연구, 연세대학교 석사학위논문.

노형진(2001). 한글 SPSS10.0에 의한 조사방법 및 통계분석, 형설출판사.

______(2003). SPSS/Amos에 의한 사회조사분석-범주형 데이터 분석 및 공분산구조분석-, 형설출판사.

박경애, 허순임(2000). 백화점 판매원의 목표지향성과 성과에 미치는 판매관리자의 영향: 패션상품 판매원을 중심으로, 한국의류학회지, 25(2).

박세호(2003). 갤러리아 백화점 CRM구축사례 및 성공요인, 갤러리아 백화점 CRM 팀장 발표자료.

박종무(2001). 관계 효익이 관계몰입, 구전 의도 및 관계 지속 의도에 미치는 영향. 영남대학교 대학원 석사학위논문.

______, 이상철, 오상현(2002), 서비스기업이 제공하는 관계 효익이 관계몰입과 고객충성도에 미치는 영향, 경영연구, 17(2), 1-29.

박지훈(2002). 서비스품질에 대한 고객만족과 거래 성향이 관계 지향성에 미치는 영향. 단국대학교 대학원 석사학위논문.

박찬욱(1996). 시대적 요구로서의 데이터베이스 마케팅, 마케팅, 326, 97-101.

백수경(1999). 관계 효익이 관계 질에 미치는 영향에 관한 연구 -서비스유형과 고객의 관계지향성을 중심으로-, 부산대학교 경영대학원 석사논문.

서문식, 서용한, 임익리(2000). 고객의 장기적 관계지향 성향과 문화, 한국소비문화학회 춘계학술대회 발표논문집.

___________, 김유경(2001). 관계발전 과정에 따른 고객 추구 혜택과 관계지향성 간의 관계. 부산상대논문집, 72호. 89-102.

신종칠(1997). Relationship Marketing 전략의 효율화 방안에 관한 연구: 시장 자산을 중심으로, 서울대학교 대학원 박사학위논문.

송종호(1994). 관계마케팅의 영향요인에 관한 실증적 연구, 경남대학교대학원 석사학위논문.

송창석(1996). 가상환경에서의 연결마케팅에 관한 연구. 서울대학교 대학원 박사학위논문.

신수연, 류인숙(2003). 남성캐쥬얼 웨어 점포의 서비스품질에 따른 고객만족과 관계마케팅, 한국의류학회지, 27(11), 1179-1189.

안소현, 이경희(2000). 판매원과 고객 간의 장기적 관계발전에 관한 고찰, 한국의류학회지, 24(8), 1230-1241.

_____(2001). 브랜드 군에 따른 고객과 숍 매니저 간의 관계

특성 연구, 한국의류학회지, 25(9), 1669-1680.

______(2001). A Study on the Relationship between Customers and Shop Managers according to Line of Brands, 한국의류학회지(영문판), 25(9), 1669-1680.

안우규, 이용기, 하한국(2002). 호텔 레스토랑의 관계혜택이 고객 충성도에 미치는 영향-전환비용과 대안 매력도의 조절역할에 대한 탐색적 연구, 한국 마케팅과학 연구 추계 논문집, 117-142.

이상철(2001). 관계 효익이 관계몰입, 구전 의도 및 관계 지속 의도에 미치는 영향, 영남대 대학원 석사학위논문.

이수형, 이재록, 양희진(2001). 관계 형성 유지에 대한 신뢰와 만족의 매개역할에 관한 연구, 마케팅 관리 연구, 6(1), 1-32.

이승일(2003). 대량 맞춤 생산, 환상인가, LG 주간경제, 2월, 2003.

이승희, 이병화(2003). 디자이너 브랜드 샵마스터의 CRM에 관한 연구, 한국의류학회지, 27(2), 239-249.

이용기, 최병호, 문병남(2002). 관계혜택이 고객의 종업원과 식음료업장에 대한 만족, 그리고 고객충성도에 미치는 영향, 경영학 연구, 31(2), 373-404.

이유재(1998). 관계마케팅의 개념과 실천에 관한 연구, 경영논집 제17권 4호, 서울대학교 경영대학 경영연구소, pp.259-286.

이유재(2000). 서비스마케팅, 학현사.

이은영(1997). 패션마케팅(제2판), 교문사.

이조우(2000). 공급자와 소매업자 간 장기적 관계 형성 영향요
　　인에 관한 연구. 동아대학교 대학원 박사학위논문.

이준호(2001). 소매업태별 관계마케팅 요인과 성과에 관한 연구.
　　경성대학교 대학원 박사학위논문.

이지현, 이승희, 임숙자(2003). 패션상품의 e-CRM에 관한 연구
　　(1보)-신뢰와 관계몰입을 중심으로-, 한국의류학회지,
　　27(6), 685-695.

이켈렙(1997). 유통경로 내 신뢰의 선행요소 및 장기지향성과의
　　관계에 대한 연구-이동통신 산업내의 구매자와 판매자관
　　계를 중심으로-, 고려대학교 경영대학원 석사학위논문

이학식, 임지훈(2003). CRM이 고객의 행동 의도에 미치는 영
　　향: 고객의 지각된 관계적 편익과 관계몰입의 매개적 역
　　할, 경영학 연구, 32(5), 1317-1347.

이호배, 장주영(2002). 은라인 멤버쉽이 몰입과 일체감의 매개를
　　통해서 고객애호도에 미치는 영향, 경영학연구, 31(3),
　　787-816.

임종원(1987). "Relationship marketing의 導入과 展開에 관한
　　연구", 경영논집, 21권 2호, 서울대학교 경영대학 경영연
　　구소, 52-69.

＿＿＿, 김기찬(1990). 기업 간 관계구조를 통한 Relationship
　　Marketing 전략에 관한 연구, 서울대학교 경영논집, 27-60.

＿＿＿(1992). Relationship marketing 과 relationship merit,
　　마케팅 연구, 7(1), 한국마케팅학회, 173-195.

＿＿＿, 양동석(1994). 거래관계구조와 공급처 관리에 관한 연

구. 경영논집, 28(1/2), 서울대학교 경영대학 경영연구소, 36-50.

장동인(2000). 한국형 CRM. 한국 DNI 컨설팅.

정기영(1996). 대고객 관계마케팅의 영향요인에 관한 연구. 동림경영연구, 5, 한국동림경영학회, 135-170.

정인희, 김순칠(2003). 패션기업의 CRM에 대한 고객반응연구, 한국의류학회지, 27(9-10), 1060-1071.

조은영, 구양숙(2002). 의류제품 판매원에 대한 고객만족과 판매원 충성도에 대한 연구, 한국의류학회지, 26(3/4), 431-442.

주성래(2003). 의류점포와 고객 간의 장기적 관계발달 과정 모델. 전남대학교 가정대학원 박사학위논문.

차부근(2000). 호텔 관광마케팅의 영향요인과 요인 간의 관계에 관한 연구, 경남대학교 대학원 박사학위논문.

차부근, 박대환(2002). 호텔기업의 관계마케팅 모델 구축에 관한 연구, 한국 마케팅 과학연구, 추계논문집, 95-115.

최정환, 이유재(2001). 죽은 CRM 살아있는 CRM, 한언출판사.

한상린(1998). 산업재 공급자와 조직구매자 간의 관계요인에 관한 연구, 마케팅 연구, 13(1), 157-172.

황용철(2002). 고객의 관계성향에 의한 만족, 신뢰, 몰입의 상이한 역할, 소비문화연구, 5(2), 29-57.

홍금희(2002). 쇼핑동기와 서비스품질 지각이 고객의 감정적 반응과 패션점포 만족도에 미치는 영향, 한국의류학회지, 26(2), 216-226.

외국문헌

Alhasan, A. G. (2003). Instrumental and interpersonal deter-
minants of relationship satisfaction and commitment in
industrial markets, Journal of Business Research, 20,
10-17.

Achim Walter, Thilo A. M., Gabriele, H. & Thomas, R.
(2003). Industrial Marketing Management, 32, 159-139.

Anderson, J. C. & Narus, J. A. (1990). A Model of Distri-
butor's Perspective of Distributor-manufacturer working
Relationship Journal of Marketing, 54, 42-48.

Anderson, E. & Weitz, B. (1989). Determinants of Con-
tinuity in conventional industrial channel Dyads,
Marketing Science, 8, 310-323.

________________________(1989). Turn your industrial distribu-
tors into partners, Harvard Business Review.

______________& Mary E. S. (1993), The Antecedent and
consequences of Customer Satisfaction for Firms,
Marketing Science, 12, 125-143.

Barns, J. G. (1994). Issues of Establishing Relationships
with customers in Service companies: "When are
Relationships Feasible and What form should they
take?". Memorial University of Newfoundland.

Beatty, S. E., Morris, L. M., James, E. C., Kriati E. R. &

Junki, L. (1996). Customer-Sales Associates Retail Relationship, Journal of Retailing, 72(Fall), 223-247.

Bendapudi, N. & Leonard, L. Berry(1997). Customer's Motivations for Maintaining Relationships with Service Providers, Journal of Retailing, 73, 15-37.

Berry, L. L. (1983), "Relationship marketing", in emerging Perspectives on Service Marketing, American Marketing Association, 25-38.

___________(1995), "Relationship Marketing of Services-Growing Interest, Emerging Perspectives", Journal of Academy of Marketing Science, 23, pp.236-245.

___________& Parasuraman, A. (1991). Marketing Services: Competing through quality, New york: The Free Press.

___________(2002), Relationship marketing of services-Perspectives from 1983 and 2000. Journal of relationship marketing, 1(1), 59-77.

Bitner, M. J. (1995). Building Service Relationship: It's all about promises. Journal of Academy of Marketing Science, 23, 246-254.

Bolton, R. N., Kannan, P. K., & Bramlett, M. D. (2000). Implication of loyalty program membership and service experiences for customer retention and value. Journal of the Academy of Marketing Science, 28 (winter), 95-108.

Brown, S. (1998). Postmodern Marketing two: Telling tales. New york, NY: International Thomson Business Press.

Bucknix, W., Moons, E., Van del Poel, D. & Wets, G. (2004). Customer-adapted coupon targeting using feature selection. Expert Systems with Applications, in press.

Chain Store Age. (1998). Customer Management, 74(8), 20.

Christopher, M., Adrian, P. & David, B. (1991). Relationship Marketing: Bring Quality, Customer Service, and Marketing Together, Oxford, England: Butterworth-Heinemann.

Christopher J. M., Jacques-Marie A. & Pascale G. Q. (2002). A Collaborative interest model of relational coordination and empirical results, Journal of Business Research, 1-9.

Cook, K. S. & Richard, M. E. (1978). Effects of Relationship Marketing on Satisfaction, Retention, and Prices in the Life Insurance Industry, Journal of Marketing Research, 24, 404-411.

Craig-Lees, M & Caldwell, M. (1994). Relationship Marketing: An opportunity to develop a more viable marketing framework, in Sheth, J. N. & Atul, P(eds.), Relationship marketing: Theory, Methods and Applications, 1994 Research Conference Proceedings, Business School of Emory, Atlanta.

Cravens, D. W. & Nigel F. P. (1994), Relationship Marketing and Collaborative networks in service organizations. International journal of service industry management, 5(5), 39-53.

Cristy, R. Gordon, O & Joe, P. (1996). Relationship Marketing in Consumer Markets, Journal of Marketing Management, 12,175-187.

Crosby, L. A & Nancy, S. (1987). Effects of Relationship Marketing on satisfaction, retention, and prices in the life insurance industry, Journal of Marketing Research, 24(November), 404-411.

__________, Kenneth, R. E. & Deborah, C. (1990). Relationship quality in services selling; An interpersonal influence perspective, Journal of Marketing, 54, July, 68-81.

Czepiel, J. A., & Gilmore, R. (1987). Exploring the Concept of Loyalty in Services in the Services Challenge: Integrating for Competitive Advantage in J. A. Czepiel, C. A. Congram, and Shanahan, J. (ed.), Chicago, IL: American Marketing Association, 91-94.

__________(1990) "Service Encounters and Service Relationship-implications for Research", Journal of Business Research, 20, 13-21.

Daft, Richard, L. & Lengel, R. H. (1986). Organizational Information Requirements-Media Richness and Structural

Design, Management Science, 32, 554-571.

Devon J. & Kent G. (2003). Cognitive and Affective trust in service relationships, Journal of Business Research, 20.

Doney, Patrica M. & Joseph P. C. (1997) "An Examination of the Nature of Trust in Buyer-Seller Relation-ships". Journal of Marketing, 61(20), 35-51.

Dwyer, F. Robert & Rosemary R. L. (1986). "On the Nature and Role of Buyer-Seller Trust". AMA summer Educators Conference Proceedings. 40-45.

Dwyer, R. F., P.H. Schurr & S. Oh. (1986). Developing buyer-seller relationship, Journal of Marketing, 14, 339-354.

Ellen Garbrino & Mark S. J. (1999). The different roles of satisfaction, trust, and commitment in custcmer relation-ships, Journal of Marketing, 63(2), 70-87.

Evans, F. B. (1963), "Selling as a dynamic Relationship: A New apporoach", American Behavioral Scientist, 6(May).

Fournier, S. Dobscha, S. & Mick, D. G. (1998). Preventing the premature death of relationship marketing. Harvard Business Review, January/February, 42-51.

Frazier, L. G. & John, O. S. (1986). Perception of interfirm power and its use within a franchise channel of distri-bution, Journal of marketing research, 23(may), 169-176.

Garbrino, E. & Mark S. J. (1999). The different roles cf

198

Satisfaction, trust, and commitment in customer relation-ship, Journal of Marketing, 63(April), 70-87.

Gaby O., Kristof De Wulf & Patrick, S. (2003). Strengthen-ing outcomes of retailer-consumer relationships The dual impact of relationship marketing tactics and consumer personality, Journal of Business Research, 56, 177-190.

Ganesan, S. (1994). Determinant of Long-Term Orientation in Buyer-Seller Relationship, Journal of Marketing, 58, April, 1-10.

Gremler, D, D., Gwinner, K. & Bitner, M. J. (1998). Relational Benefits in Services Industries: the Customer's Perspectives, Journal of the Academy of Marketing Sciences, 26(Spring), 101-114.

Gruen, W. T., John, O. & Frank, A. (2000). Relationship marketing activities, commitment and membership behaviors in professional associations, Journal of marketing, 64(July), 34-49.

Gronroos, C. (1994). "From Marketing Mix to Relationship Marketing in Marketing: Toward a Paradigm Shift in Marketing", Management Decision, 32(february), 4-20.

__________.(2000). Relationship Marketing: interaction, dialogue and value, Revista Europea de Dereccion y Economia de la Empresa, 9(3), 13-24.

Gruen, T. W. John O. Summers & Frank A. (2000). Relationship Marketing Activities, Commitment, and Membership Behavior in Professional Associations.

Gummeson, E. (1991). "Marketing-Orientation Revisited: The Crucial Role of the Part-Time Marketer", European Journal of Marketing, 25(2), 60-75.

Gundlach, G. T., Ravi, S. A. & John T. M. (1995), The Structure of Commitment in Exchange, Journal of Marketing, 59, 78-92.

Gwinner, K. P., Gremler, D. D. & Bitner, M. J. (1998). Relational benefits in service industries: The customer's perspective. Journal of the Academy of Marketing Science, 26(2), 101-114.

Heide, Jan B. & George J. (1990). Alliances in industrial purchasing: the determinants of joint action in buyer-supplier relationship, Journal of Marketing Research, 27(February), 24-36.

Hellen, L. & Sandstorm, S. (1989), Relationship atmosphere in international business, Research paper, Uppsala University, Sweden.

Hirschmann, E. C. & Morris. B. H. (1982). "Hedonic Consumption: Emerging Concepts, Methods and Proposition", Journal of Marketing, 46(summer), 92-101.

Hunt, S. D. (1983). "General Theories and the Fundamental

Explanda of Marketing", journal of Marketing, 47, 9-17.

Jackson, B. B. (1985). Winning and Keeping Industrial Customers: The Dynamics of Customer Relationships, Lexington, MA: D. C. Heath and Company.

Johnson, D. S. & Kent, G. (1998). Sources and Dimensions of trust in service relationships, Center for marketing working paper, August, 1-21.

Jones, T. O. & W. Earl S, Jr. (1995). Why Satisfied Customer Defect. Harvard Business Review, 11-12, 88-99.

Keller, H. H. & Thibaut, J. W. (1978). Interpersonal Relations: A Theory of Interdependence, New York: John Wiley & Sons, Inc., quoted in Ganesan, S. (1994). Determinants of Long-Term Orientation in Buyer-Seller Relationship, Journal of Marketing, 58(April), 1-19.

Kotler, P. (1990). Principle and Marketing, Prentice-Hall.

__________(1991). Presentation at the Thrusties Meeting of the Marketing Science Institute in November, Boston.

__________& Amstrong, G. A. (1996). Principles of Marketing, New york; Prentice-Hall.

Kristof, W., Gaby, O. & Dawn, I. (2003). Investments in

Consumer Relationship; A cross-country and cross-industry exploration, Journal of Marketing, 65(4), 33-50.

Kristof, W. & Gaby, O. (2003). Assessing the impact of retailer's efforts on consumers' attitudes and behavior, Journal of Retailing and consumer services, 10, 95-108.

Kristy, L. E. & Jungki, S. E. (1992), Relationship in Consumer Marketing, Enhancing Knowledge Development in Marketing. AMA, 4, 228.

Kumer, N., L. Scheer & J. M. Steenkamp. (1995). The Effect of supplier fairness on vulnerable resellers. Journal of Marketing Research, 32, 54-65.

Lehtinen, U., Anna, H. & Tuula, M. (1994). On measuring intensity of relationship marketing, in Sheth, Jagdish N. and Atul Parvatiyar(eds.), Relationship Marketing: Theory, Methods and Applications, 1994 Research Conference Proceedings, Business School of Emory of Atlanta.

Leuthesser L. (1997). Supplier relational behavior: an empirical assessment. Industrial Marketing Management, 1997, 26, 245-254.

Macintosh, G. A., K. A. Szymanski & Gentry, J. W. (1992), Relationship Development in selling: A Cognitve Analysis, Journal of Personal selling & Sales Manage-

202

ment, 12, Fall, 23-34.

______________________& Lawrence, S. L. (1997). Retail relationship and store loyalty: a multilevel perspective, International Journal of research in marketing, 14, 489-497.

Mercedes, M , Marta, P. & Ma, P. P. T. (2004). The benefits of relationship and marketing for the consumer and for the fashion retailers, Journal of Fashion Marketing and Management, 8(4), 425-436.

Michell, A. (2002). Consumers fall by wayside as CRM focuses oncosts. Marketing Week, 25(50), 30-31.

Mittal, B. & Lasser, W. M. (1998). Why do consumer switch? The dynamics of satisfaction versus loyalty. Journal of Services Marketing, 12(3), 177-194.

Mohr, J & Nevin, J. R. (1996). Communication strategies in marketing channels: A theoretical Perspectives, Journal of Marketing, October.

Moorman, C. & Gerald Z. & Rohit D. (1992), Relationship Between Providers and Users of Market Research: The Dynamaics of Trust Within and Between Organization, Journal of Marketing Research, 29(August), 314-328.

Morgan, R. M., & S. D. Hunt. (1994), "The Commitment-Trust Theory of Relationship Marketing", Journal of

Marketing, 58(July), 20-38.

Morton, T. L(1978). Intimacy and Reciprocity of Exchange: A comparison of Spouses and strangers, Journal of Personality and Social Psychology, 36, 72-81.

Nevin, J. R. (1995). "Relationship Marketing and Distribution Channels: Exploring Fundamental Issues", Journal of the Academy of Marketing science, 23(April), 327-334.

Oliver. Richard L. "whence consumer Loyalty?", Journal of Marketing, 63(special issue), 1999, 33-44.

O'Reilly, C. & Jennifer C. (1986), "Organizational Commit-ment and Psychological Attachment: The effects of Compliance, Identification, and Internalization on Prosocial Behavior", Journal of Applied Psychology, 71(August), 492-499.

Peppers, D. & Rogers, M. (1994). Relationship Marketing: Planning for Share of Customer, Not Market Share, Research conference Proceedings: Business school of emory.

Parvatiyar, A. & Sheth, J, N. (2000). The domain and conceptual foundation of relationship marketing. Handbook of relationship marketing, Thousand Oak, CA; Sage.

Peterson. R. A. (1995), "Relationship Marketing and the Customer", Journal of the Academy of Marketing

Sciences, 23, 278-281.

Ping, R. A. Jr. (1993). The effects of satisfaction and structural constraints on retailer exiting, voice, loyaty, oppotunism, and neglect, Journal of Retailing, 69(fall), 320-352.

______________(1997). Voice Business-to-business Relationships; Cost of Exit and Demographic Antecedents, Journal of Retailing, 73(2), 261-281.

Price, L. L. & Arnould, E. J., & Deibler, S. L. (1995). Consumer's emotional responses to service encounters: The influence of the service provider International Journal of Service Industry Management, 6(3), 34-63.

______________________________(1999). Commercial Friendships: Service Provides-Client Relationship in Context, Journal of Marketing, 63(october), 38-56.

Ramsey, R. P & Sohi, R. S. (1997), Listening to your Customers: The impact of perceived salesperson listening behavior on relationship outcomes, Journal of the Academy on Marketing Sciences, 25(2), 127-137.

Ravald, A. & Christian, G. (1996). The Value concept and Relationship marketing, European Journal of Marketing, 30(2), 19-30.

Ratport, J. F. & John, H. S. (1994), "Managing in the Market space", Harvard business Review, november-

December, 141-150.

Remple, John K., John G. Holms and Mark P. Z. (19C5). "Trust in Close Relationships", Journal of Personaity and Social Psychology, 49(1), 1985, 95-112.

Reynolds, K. E. & Beatty, S. E. (1999). Customer Benefits and Company consequences of salesperson relationship in retailing. Journal of Retailing, 75, 11-31.

Scheer, Lisa, K. & Stern L. W. (1992). The Effect of Influence Type and Performance Outcomes on Attitude toward the Influencer. Journal of Marketing Research, 29, 128-142.

Schurr, Paul. H. & Julie L. O. (1985). "Influences on exchange processes: Buyers' Preconceptions of a seller's trustworthiness and Bargaining Toughness". Journal of consumer research, 11(march), 939-953.

Shani, D. & Sujana. C. (1993). Exploiting niches Using Relationship Marketing Management, 12, 215-230.

Sheth, J. N. & Abtul P. (1995). Relationship marketing in Consumer markes: antecedents and consequences, Journal of the academy of marketing science, 23(4). pp255-271.

_______________________(2002). Evolving Relationship Marketirg into a discipline, journal of Relationship Marketing, 1(1), 3-16.

Sirohi, N., Mclaughlin, E. W. & Wittnik, D. R. (1998). A Model of consumer perception and store loyalty intention for supermarket retailer, journal of Retailing, 74(2), 223-245.

Smith, J B. & Donald, W. B. (1997). The effects of organizational differences and trust on the effectiveness of selling partner relationship, journal of marketing, 61(January), 3-21.

Stalk, G., Pillip E. & Lawrence E. S. (1992). "Competing on Capability: The new rules of corporate strategy", Harvard Business Review, March-April, 57-69.

Stephanie M. Noble & Joanna P. (2004). Relationship hindrance: Why would consumers not want a relationship with a retailer?, Journal of Retailing, 80, 289-303.

Suprenant, C. F. & Michale, F. S. (1987). Predictability and Personalization in the service encounter, Journal of Marketing, 51(April), 86-96.

Swan, J. E., Trawick, F. & Silva, D. (1985). How Industrial Salespeople Gain Customer Trust, Industrial Marketing Management, 14, 203-211.

Takala, T. & Outi, U. (1996), "An alternative view of relationship marketing: a framework for ethical analysis", European Journal of Marketing, 30(2), 45-60.

Webster, F. E. (1992). Industrial Marketing Stratage, 3rd

ed. New york.

Wikstrom, S & Richard, N. (1994). Knowledge & Value: a new perspective on corporate transformation, Routledge.

Wilkinson, Ian F. & Louise, C. Y. (1994). "The Space Between: The nature and role of interfirm relation-ship in business", In Jagdish N. Sheth & Atul P., Relationship Marketing: Theory, Methods and Application, 1994 Research Conference Proceedings, Atlanta.

Willemijn van Dolen, Ko de R. & Jos L. (2004). An empirical assessment of the influence of customer emotions and contact employee performance on encounter and relationship satisfaction, Journal of Business Research, 57, 437-444.

Williamson, O. E.(1985). The Economic Institution of Capitalism: Firms, Markets, Relationship contracting, New York: Free Press, 1985.

Zeithaml, V. A. & Bitner, M. J. (1996). Service marketing, Mcgraw-hill.

_______________ , Lecnard, L. B. & Parasuraman A. (1996). The Behavioral Consequences of Service Quality, Journal of marketing, 60, 31-46.

웹 사이트

CRM Online. com
삼성디자인 넷(SFI)
CIO Korea. com
공영DB Online net.

부 록

<부록 1> 설문지

안녕하십니까?
저는 서울대학교 대학원 의류학과에서 박사학위논문을 준비하고 있는 김지연입니다. 본 설문지는 박사학위논문의 바탕이될 연구 자료를 수집하기 위한 것으로, 패션점포의 관계마케팅에 관한 내용입니다.
각 질문에 대한 응답에는 옳고 그른 것이 없으니 평소에 생각하시던 대로 솔직하게 **한 문항도 빠짐없이** 대답해 주시면 감사하겠습니다.

여러분 한 분 한 분의 응답은 매우 소중하게 다루어질 것이며, 익명으로 통계 처리에만 사용될 것이므로, **안심하시고 솔직하게** 답변해 주시면 감사하겠습니다.

설문에 응해 주신데 대하여 다시 한번 진심으로 감사드립니다.

2004년 6월
서울대학교 대학원 의류학과 김지연 드림.

지도교수: 서울대학교 생활과학대학
의류학과 교수 이 은 영

※ 다음은 패션 소매점포의 고정고객관계(점포의 단골이 되는 것)로서 얻을 수 있는 혜택에 대한 생각을 묻는 문항입니다. 해당되는 정도에 √ 해 주십시오.

번 호	문 항 내 용	전혀 그렇지 않다	그렇지 않다	별로 그렇지 않다	보통 이다	약간 그렇다	그렇다	매우 그렇다
1-1	특정 점포와 고정고객관계를 형성하면 쇼핑시간이 절약된다.							
1-2	이 점포의 고정고객이 됨으로써 쇼핑이 보다 편리해졌다.							
1-3	이 점포에서 제공하는 정보나 조언 때문에 많은 도움을 얻는다.							
1-4	이 점포의 종업원은 나에게 맞는 스타일이나 제품정보에 대해 잘 알고 있다.							
1-5	매번 다른 곳에서 구매하는 것보다는 특정 점포의 고정고객이 되는 것이 더 편리하다.							
1-6	고정고객이기 때문에 결제 시 여러 가지 편의를 제공 받는다.							
1-7	고정고객이기 때문에 점포 방문 시 다른 사람보다도 더 신속하게 서비스를 제공받는다.							
1-8	점포의 고정 고객이 되면 쇼핑 전에 별도의 쇼핑 정보를 알아볼 필요가 적다.							
1-9	점포의 지속적인 연락(메일, 우편, 전화) 때문에 구매에 도움 되는 정보를 얻을 수 있다.							
1-10	점포가 나에 대해 잘 알고 있어서 쇼핑이 편리해졌다.							
1-11	고객에게 홈페이지나 이메일, 핸드폰 같은 정보기술을 이용하여 쇼핑 정보를 제공한다.							
1-12	전에 내가 구매한 정보를 이용하여 다음 쇼핑에 대한 정보를 제공해준다.							
1-13	이 점포는 신상품에 대한 정보를 미리 알려준다.							
1-14	이 점포는 단골고객에게만 제공하는 특별한 선물이나 보상, 쿠폰 등이 가끔 있다.							
1-15	고정고객에게는 가끔 가격할인을 해준다.							
1-16	이 점포는 쇼핑 시 내가 원하는 서비스만을 적절하게 제공 한다.							
1-17	이 점포의 종업원은 나에게 다른 손님과 다른 특별한 대우를 해준다.							
1-18	나에게 꼭 필요한 제품을 내 입장에서 생각하고 제시해준다.							
1-19	이 점포는 나에게 지속적으로 연락을 취한다(전화, 이메일, 우편물 등).							
1-20	이 점포는 다른 손님보다 고정고객인 나를 더 잘 배려해주는 것 같다.							

번　호	문　항　내　용	전혀 그렇지 않다	그렇지 않다	별로 그렇지 않다	보통 이다	약간 그렇다	그렇다	매우 그렇다
1-21	이 점포는 나의 개인적 신상에 대해 어느 정도 알고 있고 관심을 갖는다.							
1-22	나는 종업원의 개인적 신상에 대해 알고 있으며 관심을 가지고 있다							
1-23	이 점포는 고정고객에 대해 더 많은 것들을 알려고 노력한다.							
1-24	이 점포는 나에게 어울릴만한 스타일을 남겨둔다.							
1-25	이 점포는 구매 후 교환이나 환불에 대해 전혀 부담스럽지 않게 원하는 대로 해준다.							
1-26	이 점포는 고정고객에게 더 많은 것을 구매하도록 부담을 주는 언행을 하지 않는다.							
1-27	이 점포는 구매 목적이 아닌 방문도 반갑게 맞이해준다.							
1-28	이 점포의 종업원은 먼저 알아보고 인사한다.							
1-29	이 점포는 나의 기념일을 기억한다.							
1-30	이 점포는 고정고객을 위한 이벤트를 준비하기도 한다.							
1-31	이 점포는 세일에 관한 정보를 미리 알려준다.							
1-32	이 점포는 고정고객이 더 편안한 쇼핑을 하도록 신경 쓴다.							
1-33	이 점포에 들어서면 마음이 편안해진다.							
1-34	이 점포의 고정고객이 되는 것은 쇼핑할 때 심리적 안정감을 준다.							
1-35	나는 쇼핑하면서 종업원과 대화를 나누는 것이 즐겁다.							
1-36	나는 이 회사의 종업원과 따로 전화를 하거나 만나기도 한다.							
1-37	이 점포에서 쇼핑하는 것은 즐겁다.							

※ 다음은 소비자의 거래 성향을 알아보기 위한 질문입니다. 해당되는 정도에 √ 해주십시오.

번호	문항내용	전혀 그렇지 않다	그렇지 않다	별로 그렇지 않다	보통 이다	약간 그렇다	그렇다	매우 그렇다
2-1	나는 특정 점포의 고정고객이 되기보다는 값싸게 구매하는 데 관심이 더 많다.							
2-2	나는 집단 안에서 사람들과 어울리기를 좋아한다.							
2-3	나는 다른 사람과 지속적으로 알고 지내는 것이 편하다							
2-4	나는 쇼핑할 때 다른 사람의 대접을 받으면 기분이 좋다.							
2-5	이 점포에서는 고객관리를 받을 수 있어서 좋다.							
2-6	이 점포에서는 고객관리 프로그램이 있는 것 같아 안심이 된다.							
2-7	나처럼 고정고객을 위해 점포가 특별한 노력을 기울이는 것이 기쁘다.							

① 다음은 패션상품 구매 후 태도에 관한 질문입니다. 해당되는
   정도에 √ 해 주십시오.

번 호	문 항 내 용	전혀 그렇지 않다	그렇지 않다	별로 그렇지 않다	보통 이다	약간 그렇다	그렇다	매우 그렇다
3-1	이 점포와 거래를 한 후 후회한 적이 별로 없다.							
3-2	나는 이 점포의 고정고객인 것에 만족한다.							
3-3	이 점포와의 구매경험 결과 만족한다.							
3-4	이 점포는 항상 기대에 부응 한다.							
3-5	이 점포는 단골고객에게 적절한 서비스를 수행한다.							
3-6	이 점포의 종업원들이 마음에 든다.							
3-7	이 점포의 고객관리에 만족한다.							
3-8	이 점포의 단골고객으로서 불편한 점은 없다.							
3-9	이 점포에서 고정고객이 되어 계속 구매해도 구매 후 실패할 위험이 적다.							
3-10	제품구매 시 및 구매 후 A/S에 따른 여러 서비스가 잘 될 것 같은 믿음이 든다.							
3-11	다른 곳보다 이 곳의 제품 및 서비스를 믿는다.							
3-12	나는 이 점포를 믿을 수 있다.							
3-13	이 점포에서는 돈을 지출할 가치가 있다.							
3-14	이 점포는 항상 신뢰할 수 있다.							
3-15	이 점포는 내가 고객관계를 그만둘 생각을 하게 할 행동을 하지 않는다.							
3-16	이 점포는 진실한 인상을 준다.							
3-17	단골고객과 약속한 내용을 이행한다.							
3-18	이 점포는 고객의 이익을 먼저 생각한다.							
3-19	사소한 불평불만이라도 성심성의껏 처리 한다							
3-20	이 점포를 신뢰한다.							
3-21	이 점포는 단골고객에게 정직하다.							

번 호	문 항 내 용	전혀 그렇지 않다	그렇지 않다	별로 그렇지 않다	보통 이다	약간 그렇다	그렇다	매우 그렇다
3-22	이 점포와의 장기적 고객관계를 갖는 것이 중요한 일이다.							
3-23	나는 이 점포에 대해 애착심이 있다.							
3-24	나는 이 점포와의 고객관계를 중요하게 생각한다.							
3-25	가격이 조금 더 비싸지더라도 이 점포에서 구입하는 것이 이익이라고 생각한다.							
3-26	이 점포와 장기적 관계를 유지하는 것이 나에게는 중요한 일이다.							

◊ 다음은 장기적 관계지향성을 측정하는 질문입니다. 해당되는 정도에 √ 해 주십시오.

번 호	문 항 내 용	전혀 그렇지 않다	그렇지 않다	별로 그렇지 않다	보통 이다	약간 그렇다	그렇다	매우 그렇다
4-1	점포가 옮기더라도 기꺼이 찾아 갈 것이다.							
4-2	이 점포와의 고객관계를 발전시키기 위해 돈과 시간을 투자할 의향이 있다.							
4-3	단골 점포의 가격이 비슷한 제품을 파는 다른 곳보다 비싸더라도 쇼핑을 하게 된다.							
4-4	이 점포에 대해 다른 사람들에게 선전할 것이다.							
4-5	다음 구매할 때에도 이 점포를 이용할 것이다							
4-6	이 점포와의 고객관계를 계속 유지할 의향이 있다							
4-7	다른 사람이 조언을 구한다면 이 점포를 적극 추천할 것이다.							
4-8	주위 사람들에게 이 점포의 고정고객이 되라고 권할 것이다.							
4-9	쇼핑 시 문제가 발생하면 이 점포에서 해결하기보다는 다른 점포로 옮기는 게 더 낫다							
4-10	이 점포를 이용하더라도 항상 다른 더 나은 점포가 없나 둘러볼 것이다.							

ⓗ 다음은 상호작용 특성 및 상황 특성에 관한 질문입니다. 해당
되는 정도에 √ 해 주십시오.

번 호	문 항 내 용	전혀 그렇지 않다	그렇지 않다	별로 그렇지 않다	보통 이다	약간 그렇다	그렇다	매우 그렇다
5-1	현재 이용하는 단골 점포를 바꾸는 것은 많은 시간적, 금전적 소비를 필요로 한다.							
5-2	단골 점포를 바꾸면 친숙하고 편안한 관계를 잃게 될까 염려된다.							
5-3	나는 점포에게 개인적인 정보를 알려주기도 한다.							

ⓘ 다음은 귀하의 구매 행동에 관한 질문입니다. 해당되는 곳에
√ (표시)해 주십시오.

1. 귀하가 고정고객(단골)이라고 생각되는 점포가 있나요?
   ① 있다
   ② 없다(여기에 응답하신 분은 항목 다음 페이지의 **항목 ⓜ**부
   터 계속 응답해주세요.)

2. 귀하의 고객관계 정도는 어느 정도라고 생각하고 계십니까?
   전혀 강하지 않다   보통이다   매우 강하다
   ①-----②-----③-----④-----⑤-----⑥-----⑦

3. 귀하가 고정고객관계를 가지고 쇼핑하시는 제품들이 어느 정
   도 중요하다고 생각하십니까?
   전혀 중요하지 않다   보통이다   매우 중요하다
   ①-----②-----③-----④-----⑤-----⑥-----⑦

4. 귀하는 언제부터 위 점포를 이용하셨습니까?
   ① 7년 이상 전부터   ② 5년 전부터

③ 4년 전부터　　　　④ 3년 전부터
⑤ 2년 전부터　　　　⑥ 1년 전부터

5. 귀하가 고정고객이라고 생각되는 대상은 다음 세 가지 대상
　 중 어느 종류에 속합니까?
　 (A, B, C 중 반드시 한 군데에 답해주세요). <보기>의 점포 또
　 는 상표에서 해당 번호를 써 주십시오. (해당사항이 없으시면,
　 구체적으로 직접 기입하셔도 됩니다.)
　 A. 나는 **특정 점포**의 고정고객이다. 내가 단골로 이용하는 점
　 　 포는 ________이다.
　 B. 나는 **특정 상표**의 고정고객이라고 생각한다. 내가 단골로
　 　 이용하는 상표는 ______이다.
　 C. 나는 **특정 점포에만 있는 특정 상표**의 고정고객이라고 생
　 　 각한다. 내가 고정고객으로 있는 점포의 종류는 ________
　 　 이고, 상표의 종류는 ______이다.

[보 기]

점 포		상 표	
점포의 종류	예	상표의 종류	예
① 백화점	롯데, 신세계, 현대	① 내셔널 상표	데코, 쁘랭땅, 마인
② 대리점	빈폴 대리점, 모라도 대리점 등	② 디자이너 상 표	루치아노 최, 미화 홍
③ 유명상표 패션전문점	프라이비트,	③ 중저가 상표	지오다노, 이랜드, 폴햄
④ 단독할인매장	에스에스 상설할인점	④ 수입 상표	버버리, 폴로, 닥스
⑤ 보세전문 쇼핑몰	두타, 밀레오레	⑤ 점포 자체 상표	신세계 아이비 하우스, 이마트의 이베이직, 마이클로 홍플러스의 이지클래식 롯데 마그넷의 위드원
⑥ 일반 보세점	동네 개인점포 보세점		
⑦ 아울렛 몰	세정 아울렛, 2001		
⑧ 재래시장	남대문, 동대문 시장		
⑨ 디자이너뷰틱	지춘희, 앙드레 김		

◎ 다음은 귀하의 개인적인 사항에 관한 질문입니다. 해당되는
   곳에 √ 해 주십시오.

1. 귀하의 나이는 몇 세 이십니까? 만 _________________ 세

2. 귀하의 결혼 여부는?   ① 기혼   ② 미혼

3. 귀하의 직업은 무엇입니까?
   ① 경영관리직   ② 전문직   ③ 전문기술직   ④ 사무직
   ⑤ 서비스직   ⑥ 판매직   ⑦ 생산관리직   ⑧ 학생
   ⑨ 주부   ⑩ 공무원 및 교사

4. 귀하의 최종학력은 어떻게 되십니까?
   ① 중학교졸업 이하   ② 고등학교졸업   ③ 전문대 재학 중
   ④ 전문대졸업   ⑤ 대학재학 중   ⑥ 대학 졸업
   ⑦ 대학원 이상

5. 귀댁의 총수입은 얼마입니까?
   ① 100만 원 이하
   ② 100만 원 이상 200만 원 이하
   ③ 201만 원 이상 300만 원 이하
   ④ 301만 원 이상 400만 원 이하
   ⑤ 401만 원 이상 500만 원 이하
   ⑥ 501만 원 이상 600만 원 미만
   ⑦ 601만 원 이상

6. 귀하의 거주지는 어디입니까?_______________시 ___________구

                   * 설문에 응해 주셔서 정말 감사드립니다.

<부록 2> 관계혜택 지각에 대한 확인적 요인분석

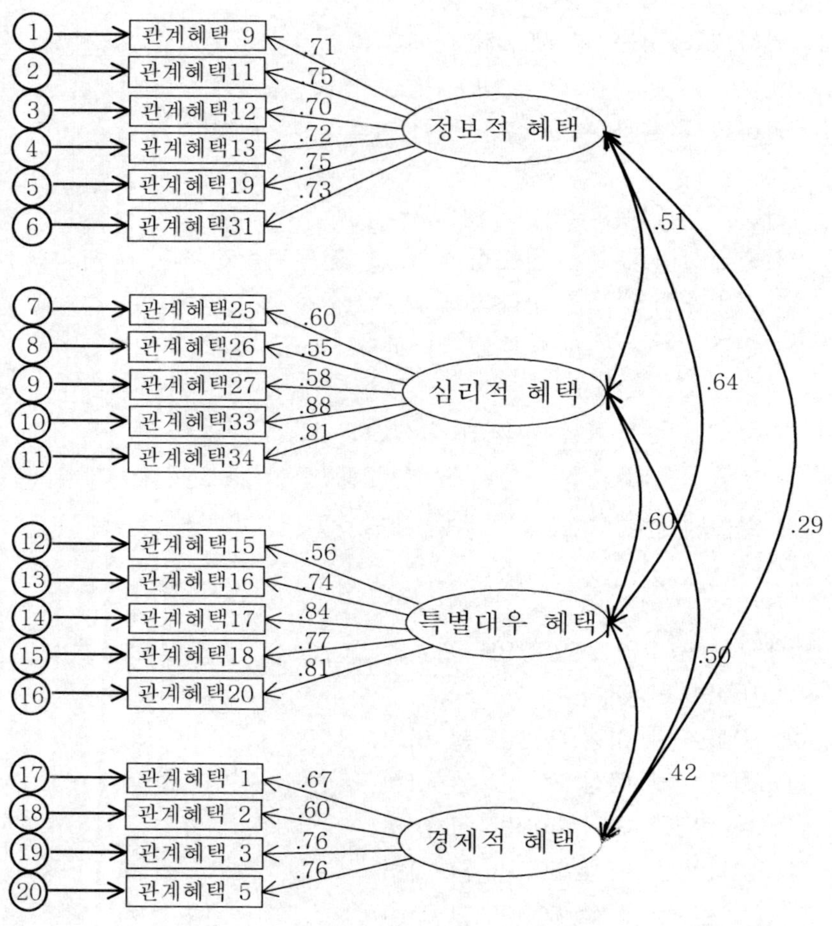

Chi-square=607.9(165 df)

p=.000

GFI=.900

AGFI=.873

NFI=.886

<부록 3> 구매 후 태도에 대한 확인적 요인분석

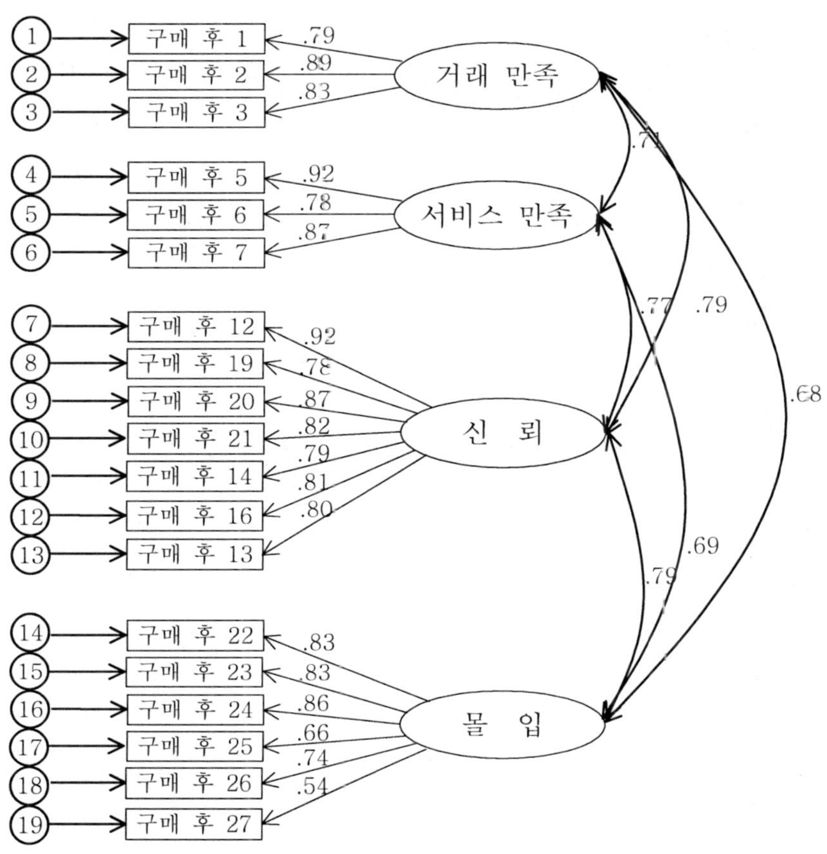

Chi-square = 613.3029(165 df)

p = .000

GFI = .890

AGFI = .857

NFI = .922

<부록 4> 장기적 관계지향성에 대한 확인적 요인분석

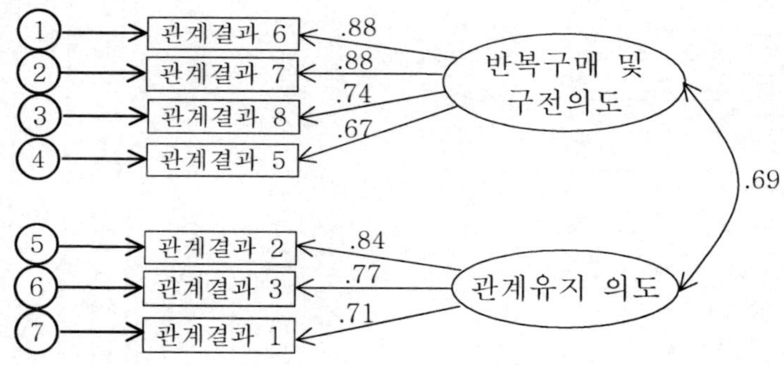

$$\text{Chi-square} = 114.779(13 \ df)$$
$$p = .000$$
$$\text{GFI} = .942$$
$$\text{AGFI} = .875$$
$$\text{NFI} = .943$$

<부록 5> 만족이 혜택에 미치는 영향

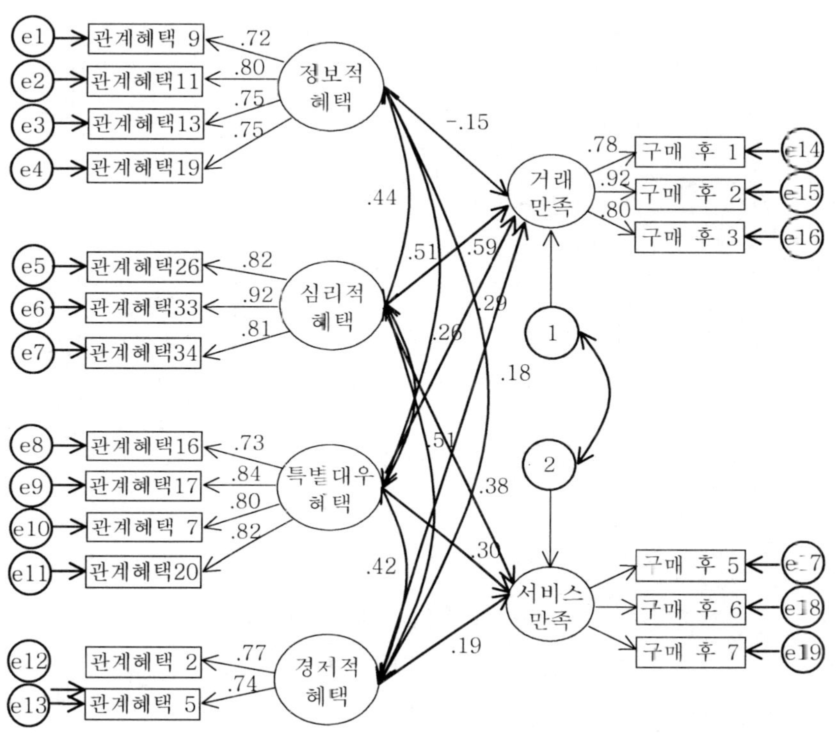

Chi-square=305.648(138 df)

p=.000

GFI=.945

AGFI=.924

NFI=.945

<부록 6> 관계혜택이 장기적 관계지향성에 미치는 영향

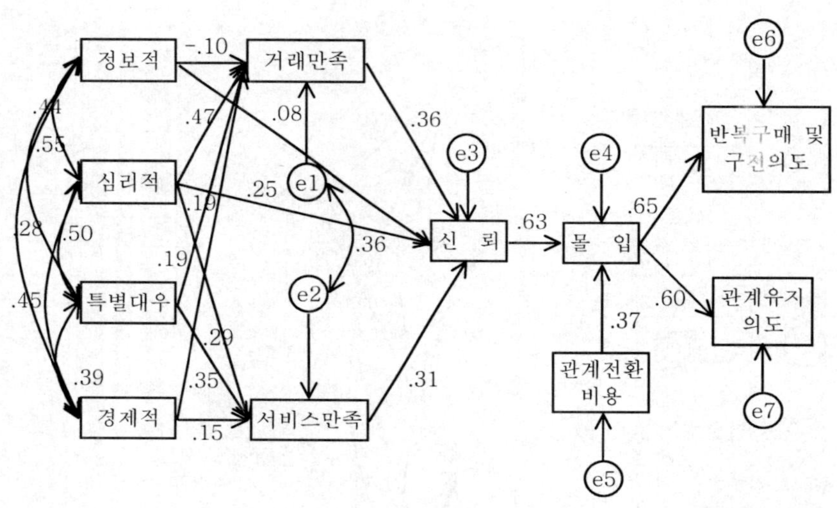

Chi-square=369.562(30 df)

p=.000

GFI=.901

AGFI=.781

NFI=.886

◉저자◉

●김지연(金志妍)　　　●약력●
서울대학교 생활과학대학 의류학과 졸업
서울대학교 대학원 생활과학 석사
서울대학교 대학원 생활과학 박사
(주)DECO DECO 상품기획실 MD
현, 호남대학교 의상디자인학과 전임강사

●주요논저●
『패션상품의 소비자행동』(공역)
「의복 구매시 상표충성도에 관한 연구」
「패션점포의 서비스품질에 관한 연구」
「관계혜택지각이 만족에 미치는 영향」
「패션상품 소비자의 관계혜택지각이 장기적 관계지향성에
　미치는 영향」
「A study on the Relationship Benefit perception
　and Long-term Relationship intention」
「A study on the Relationship Intention Process according to
　consumer characteristics」
「패션점포의 관계마케팅에 관한 고찰」
외 다수

패션상품의 관계마케팅

● 초판 인쇄	2005년 10월 20일
● 초판 발행	2005년 10월 20일
● 지 은 이	김지연
● 펴 낸 이	채종준
● 펴 낸 곳	한국학술정보㈜
	경기도 파주시 교하읍 문발리
	파주출판문화정보산업단지 526-2
	전화 031) 908-3181(대표) · 팩스 031) 908-3189
	홈페이지 http://www.kstudy.com
	e-mail(e-Book사업부) ebook@kstudy.com
● 등　　록	제일산-115호(2000. 6. 19)
● 가　　격	25,000원

ISBN　89-534-3999-X 93590 (paper book)
　　　　89-534-4000-9 98590 (e-book)